全国水利行业规划教材　高职高专水利水电类
中国水利教育协会策划组织

U0790629

水利工程制图习题集

主　编　孟庆伟　欧阳红
副主编　王桂林
主　审　刘　娟

黄河水利出版社
·郑州·

图书在版编目(CIP)数据

水利工程制图习题集/孟庆伟,欧阳红主编. —郑州:黄河水利出版社,2009.9 (2011.9 重印)
全国水利行业规划教材
ISBN 978-7-80734-714-9

Ⅰ.水… Ⅱ.①孟…②欧… Ⅲ.水利工程-工程制图-高等学校:技术学校-习题 Ⅳ.TV222.1-44

中国版本图书馆CIP数据核字(2009)第151927号

组稿编辑:王路平 电话:0371-66022212 E-mail:hhslwlp@163.com
马 翀 66026749 machong2006@163.com

出版社:黄河水利出版社
地址:河南省郑州市顺河路黄委会综合楼14层 邮政编码:450003
发行单位:黄河水利出版社
发行部电话:0371-66026940、66020550、66028024、66022620(传真)
E-mail:hhslcbs@126.com
承印单位:黄河水利委员会印刷厂
开本:787 mm×1 092 mm 1/16
印张:5
字数:110千字 印数:8 101—12 000
版次:2009年9月第1版 印次:2011年9月第3次印刷

定价:10.00元

前 言

本习题集是全国水利行业规划教材，是根据中国水利教育协会全国水利水电高职教研会的要求而编写的，与全国水利行业规划教材《水利工程制图》（刘娟、孟庆伟主编，黄河水利出版社出版）配套使用。其编写思想、内容体系、章节编排与《水利工程制图》教材完全一致。

本习题集具有以下特点：

(1)注重基础性、综合性和实用性。各章均以基本题为主，辅以适当的综合型习题。

(2)题量、难度适中，覆盖面较广，可满足不同专业、不同学时的教学需要。

(3)注重形体的表达以及思维训练。

(4)在内容上减少了手工仪器绘图的训练内容。

本书编写人员及编写分工如下：第一章由北京农业职业学院韩敏琦编写，第二、三章由华北水利水电学院水利职业学院孟庆伟编写，第四章由重庆水利电力职业技术学院向杰编写，第五章由内蒙古机电职业技术学院斯庆高娃编写，第六章由浙江同济科技职业学院谢娟编写，第七章由黑龙江农垦农业职业技术学院王桂林编写，第八、十章由华北水利水电学院水利职业学院张剑编写，第九章由长江工程职业技术学院欧阳红编写。本习题集由孟庆伟、欧阳红担任主编，王桂林担任副主编，湖南水利水电职业技术学院刘娟担任主审。

本习题集供各类高等职业院校水利水电工程、工业与民用建筑等专业教学使用，同时可供工程技术人员参考。热忱欢迎读者对本习题集批评指正。

编 者

2009 年 6 月

目　录

字体练习

水利工程制图平立纵剖视断面枢纽总布置闸坝库

学校班级比例审核建筑农田材料单位毫厘米坡度结构电站涵洞渡槽游

1234567890ABCDEFGHIJKLMNOPQRSTUVWXYZ$\phi \alpha \beta \gamma \delta \varepsilon \eta \theta$

abcdefghijklmnopqrstuvwxyz I II III IV V VI VII VIII IX 123456789

1-1 制图基本标准(一)	班级		姓名		学号		页次	1

线型练习

1.在指定位置，照例补全各种图线。

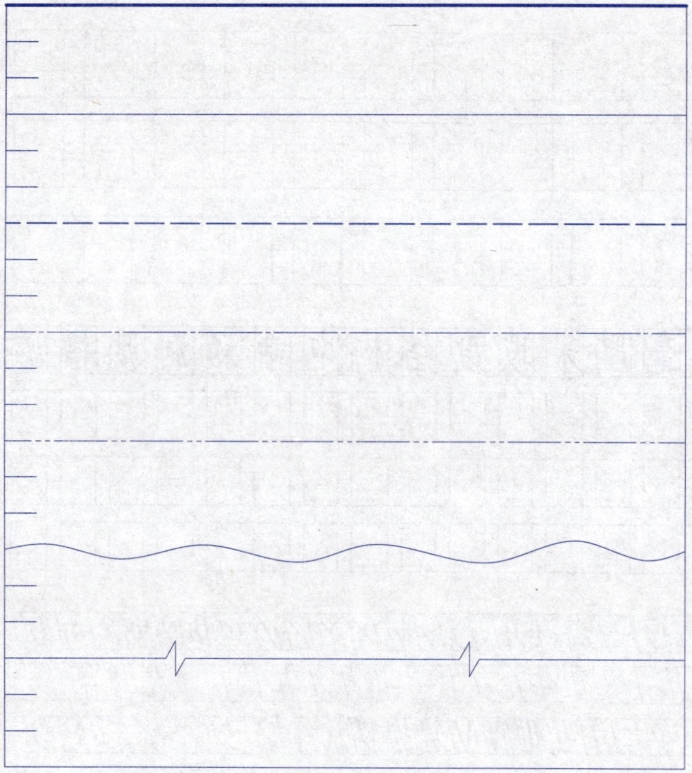

2.在指定位置，抄绘剖面材料符号。

1-1　制图基本标准(二)	班级		姓名		学号		页次	2

尺寸标注练习

1.在下列图形合适的位置处标注尺寸(数值按1:1从图中量取,取整数)。

(1)

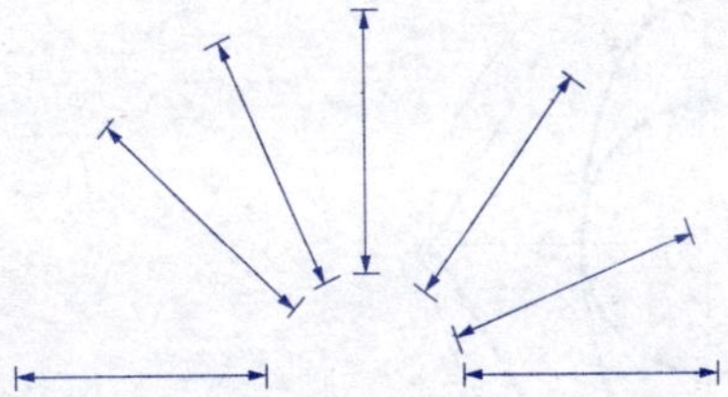

(2)

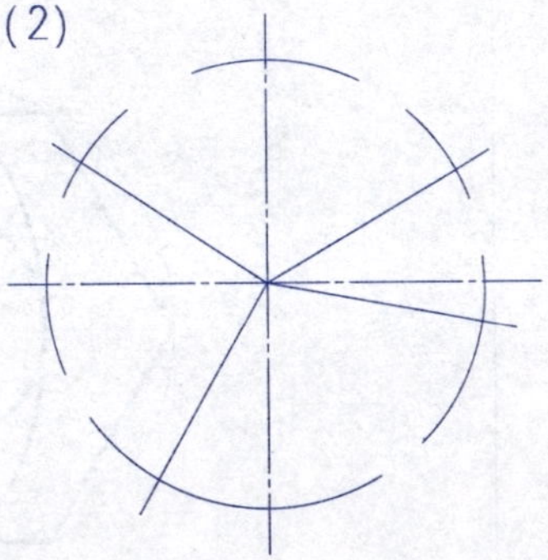

(3)

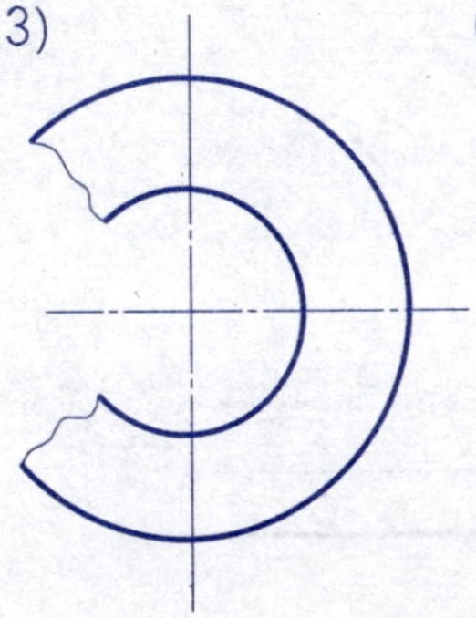

(4)

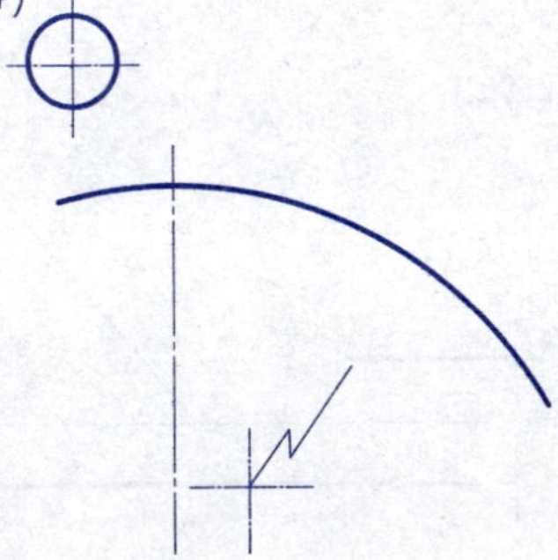

2.在下列图形中标注尺寸(数值按1:1从图中量取,取整数)。

(1)

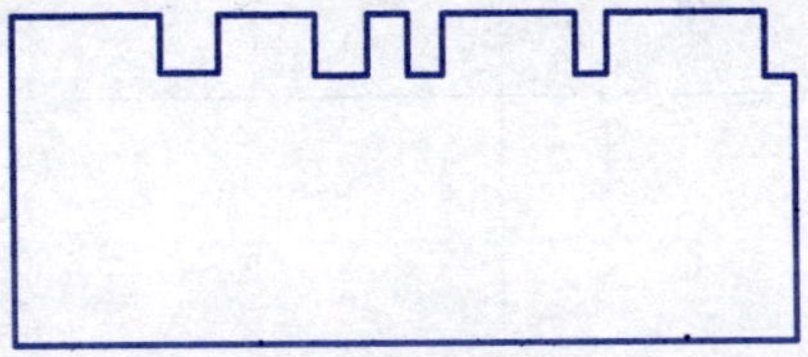

(2)

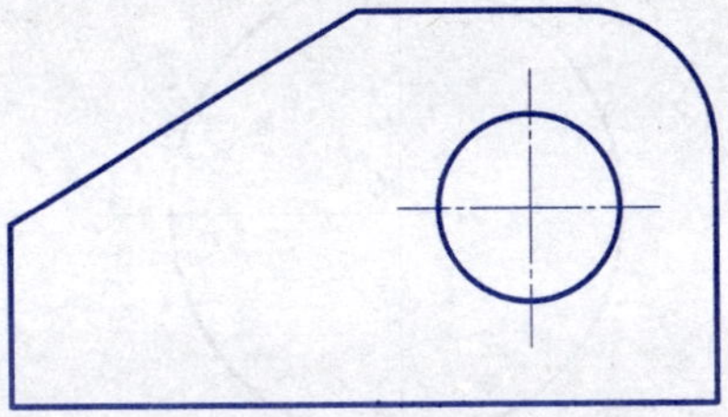

平面图形画法练习

1.用指定半径，作道路交叉口的连接圆弧。

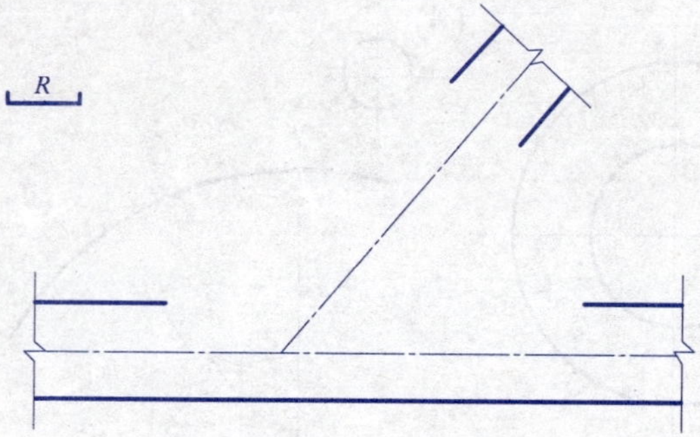

2.用指定半径，作连接圆弧与圆O_1内切，与圆O_2外切。

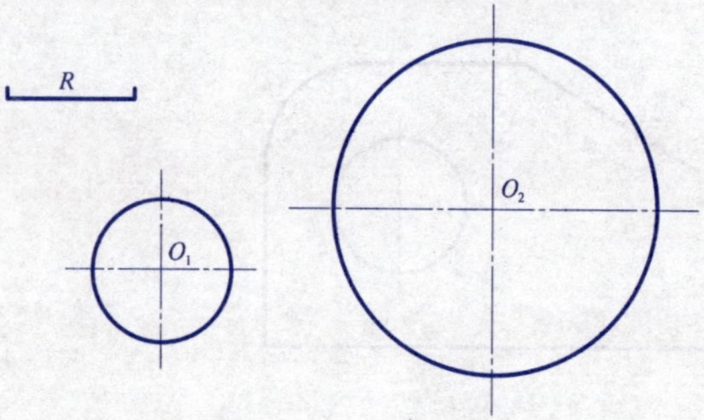

3.在指定位置按1:1的比例抄绘图形。

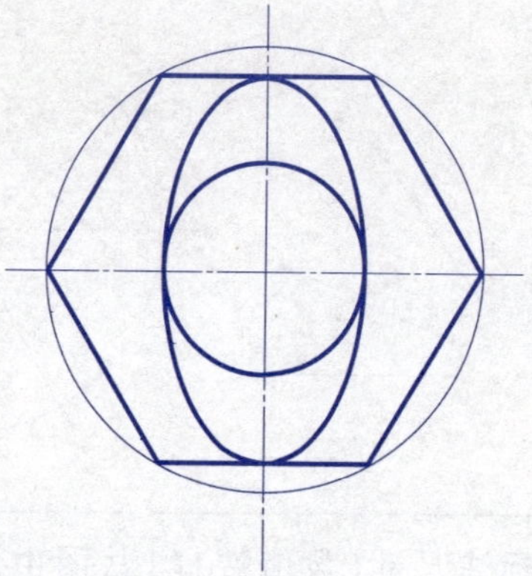

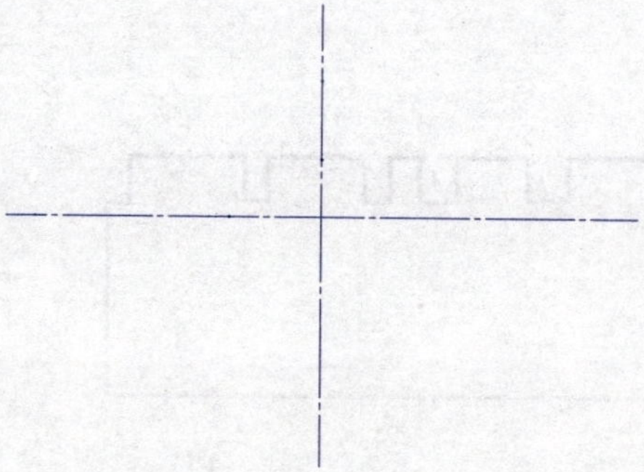

1-2　平面图形画法(一)	班级		姓名		学号		页次	4

4.按1:1的比例将图形抄绘在空白处,并标注尺寸。

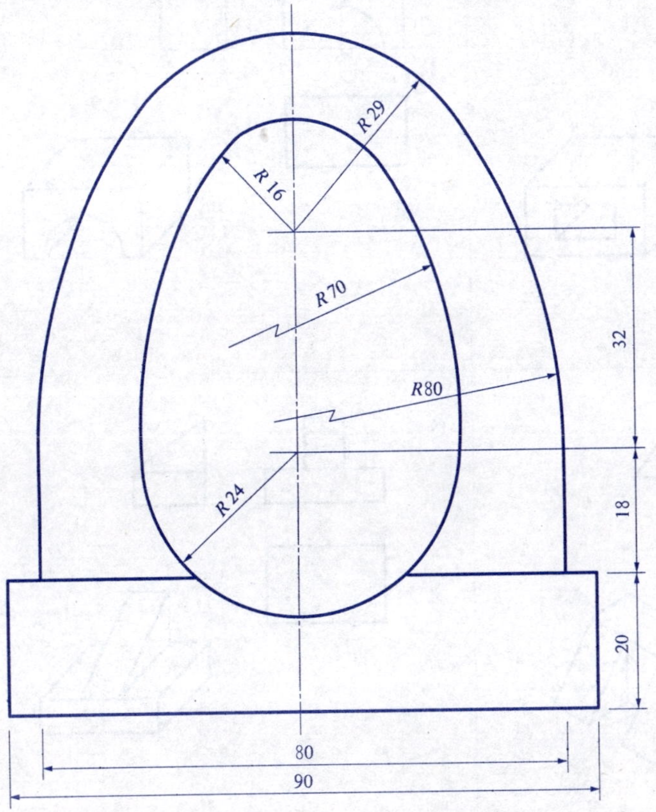

根据立体图补全三视图中所缺的图线

1.

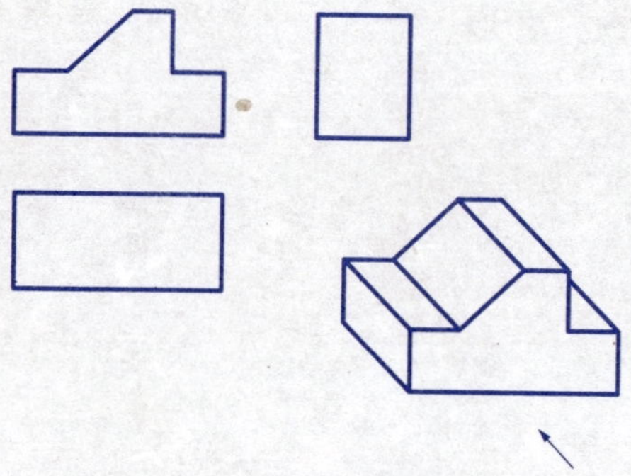

2.

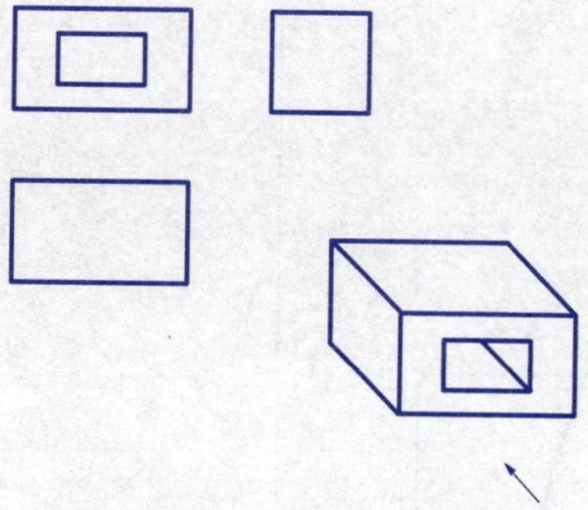

3.

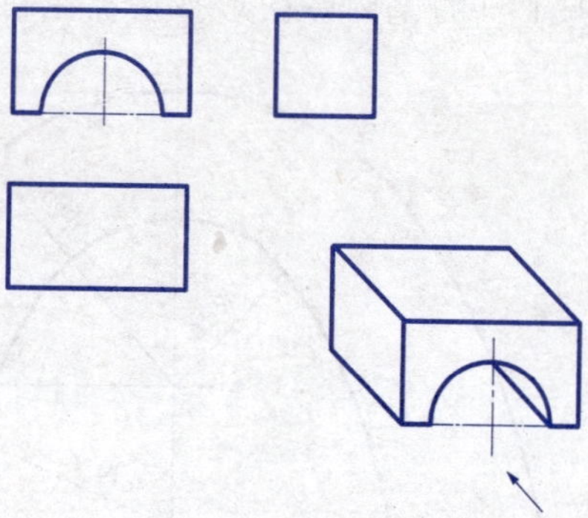

4.

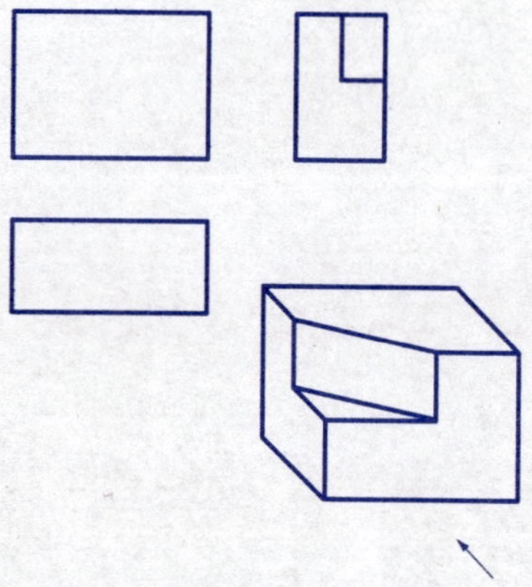

5.

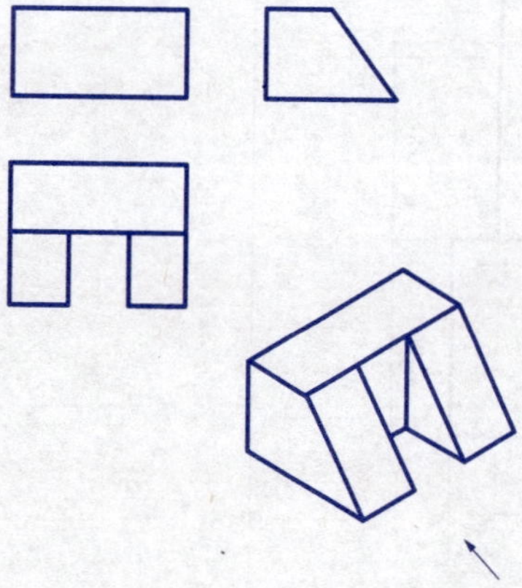

6.

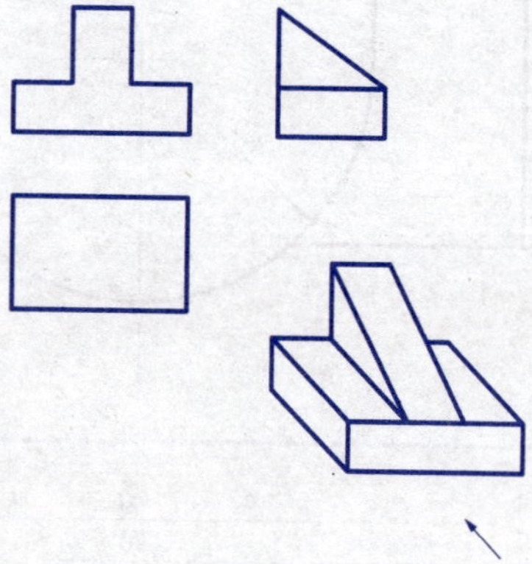

根据立体图画三视图(尺寸在立体图上量取)

1.

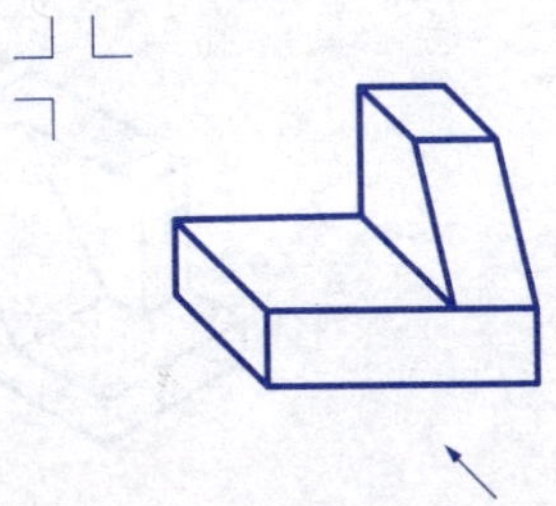

2.

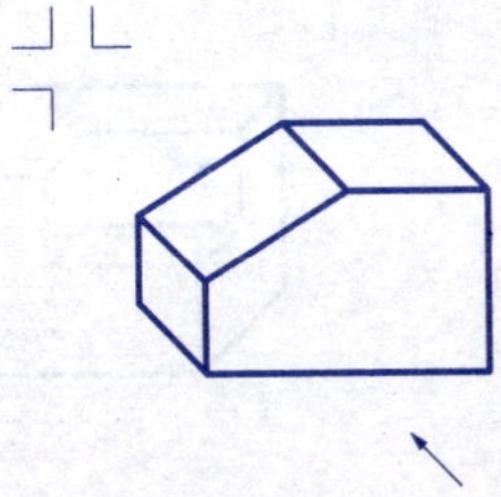

3.

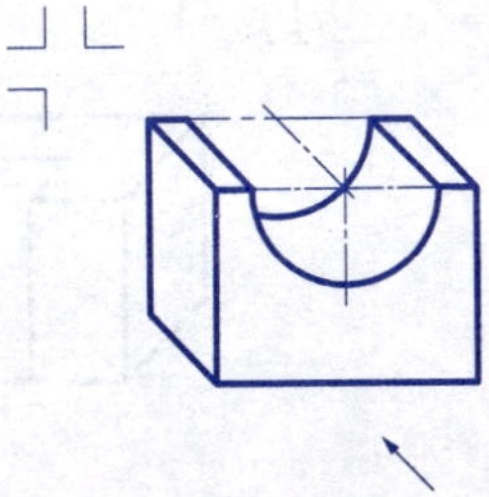

4.

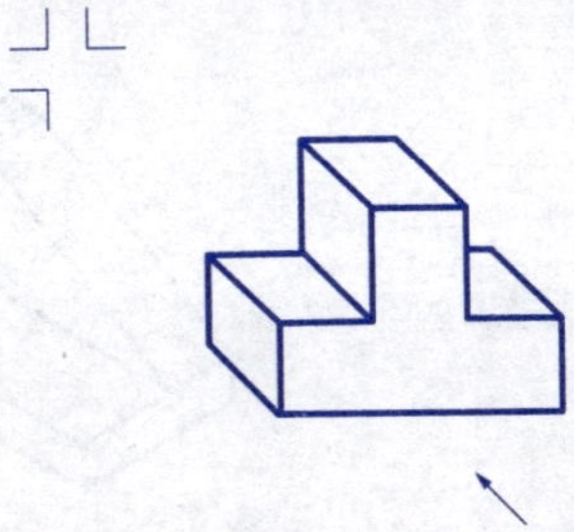

5.

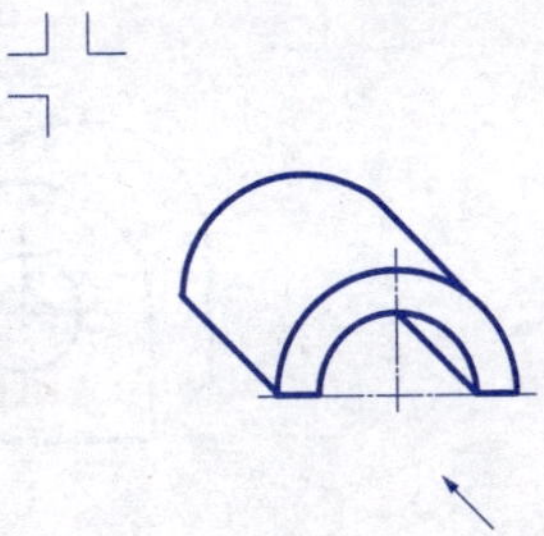

6.

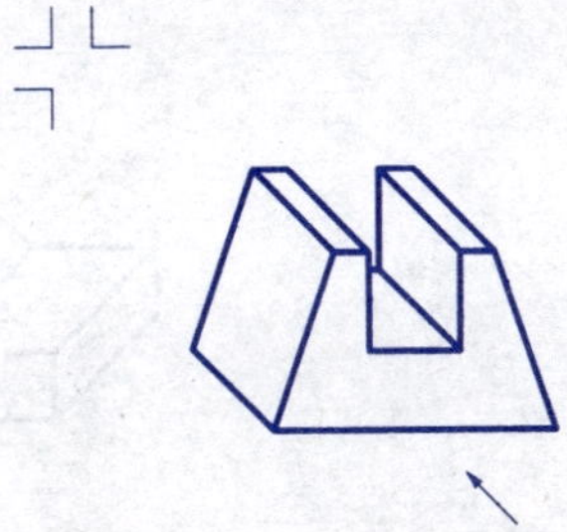

根据立体图画三视图(尺寸在立体图上量取)

1.

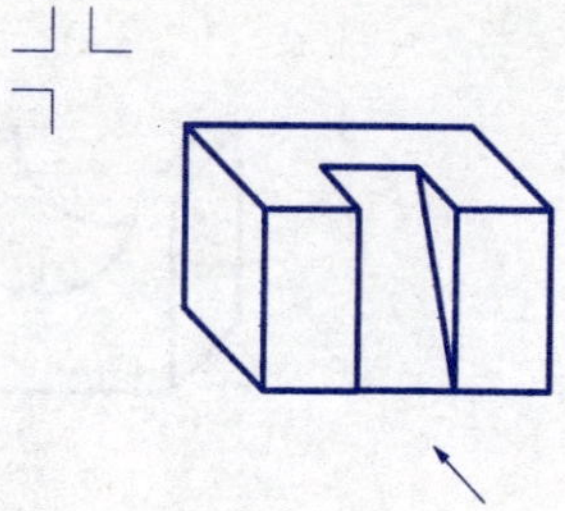

2.

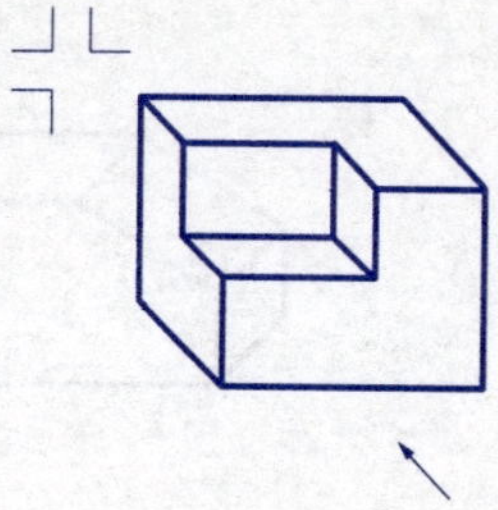

3.

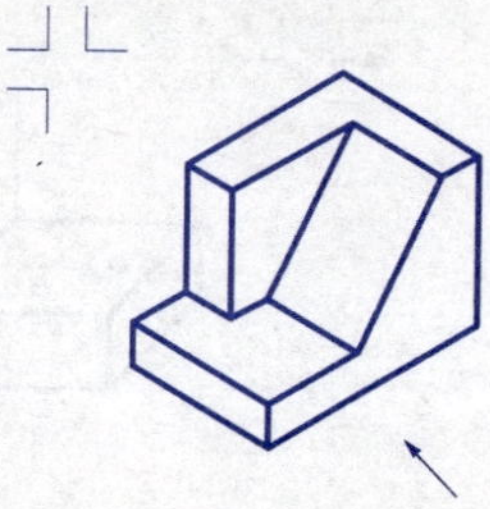

4.

5.

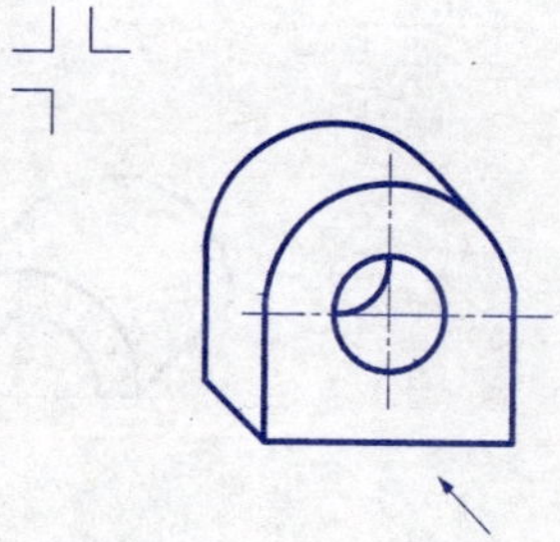

6.

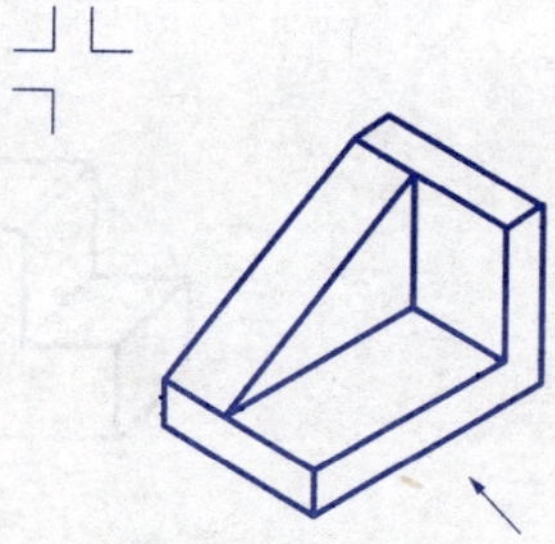

2-1　物体的三视图(三)	班级		姓名		学号		页次	8

根据要求完成各题

1.已知A、B、C三点的两面投影，求其第三面投影。

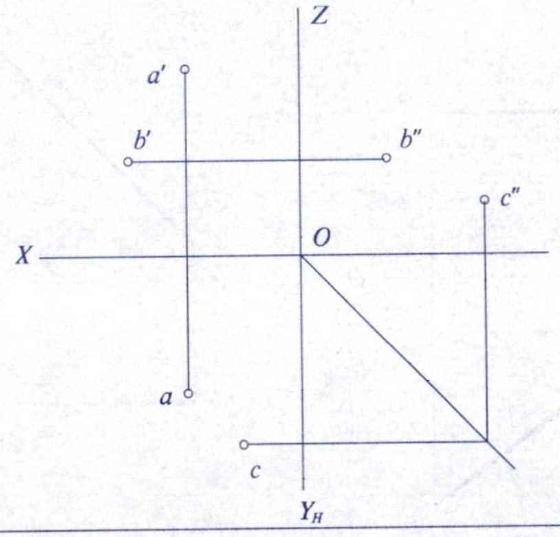

2.已知形体的直观图和投影图，在投影图上标出点A、B、C、D的投影。

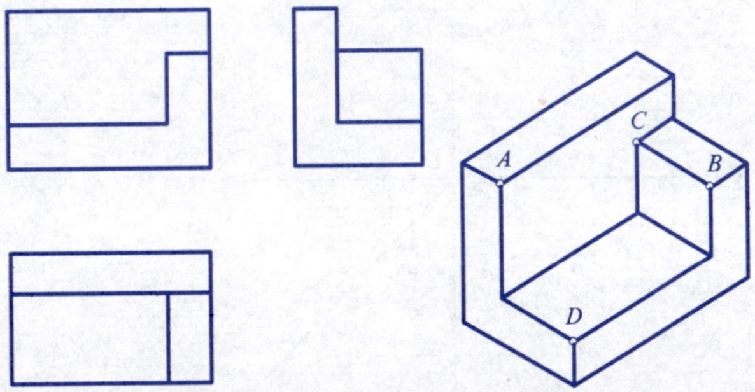

3.已知点A(20, 15, 10)、点B(10, 7, 20)、点C(10, 15, 10)，求各点的三面投影，并判断其相对位置。

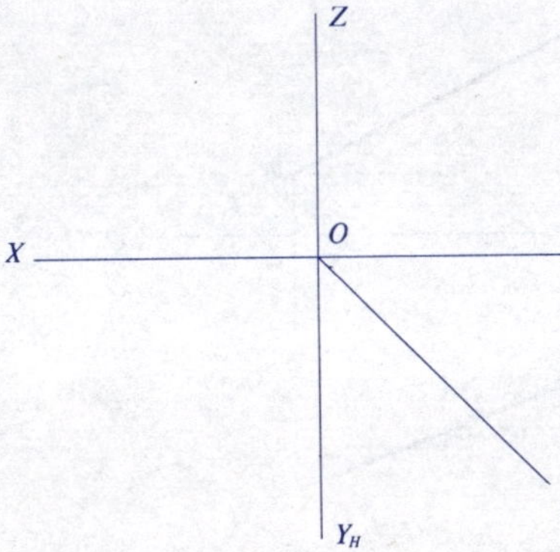

点A在点B的______方

点B在点C的______方

点C在点A的______方

4.已知点E的两面投影，求点E的第三面投影。点F在点E的左方15 mm、后方8 mm、上方10 mm，求点F的三面投影。

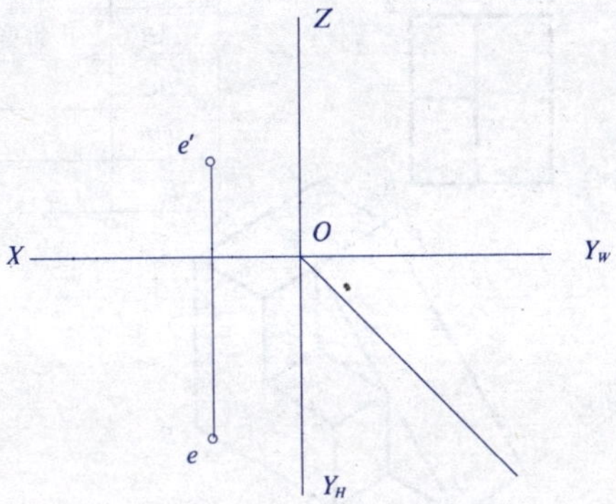

2-2 点的投影	班级		姓名		学号		页次	9

根据要求完成各题

1.已知点$A(22,12,6)$、点$B(5,18,20)$，试求直线AB的三面投影。

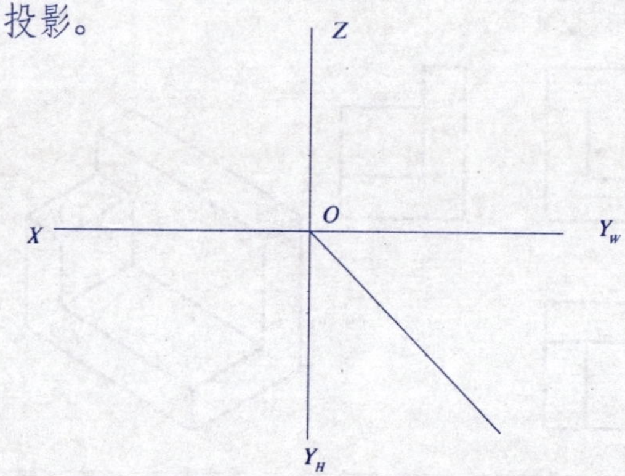

2.测定直线的实长，并标出其与投影面的倾角。

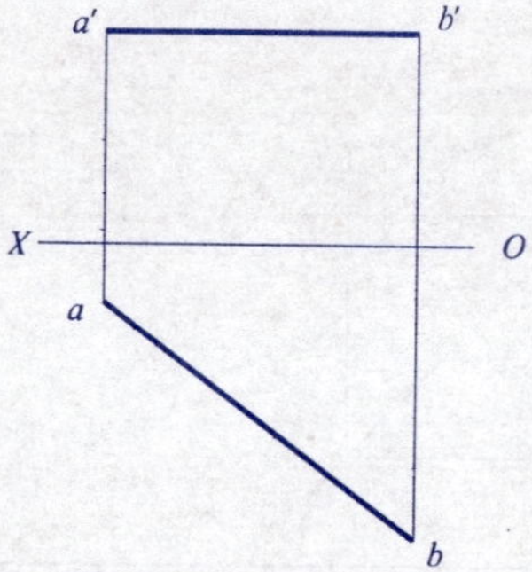

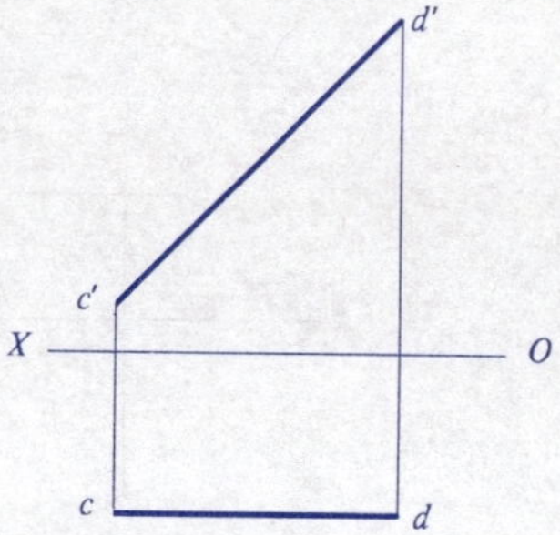

3.在投影图中标出立体图上各直线的三面投影，并写出其空间位置。

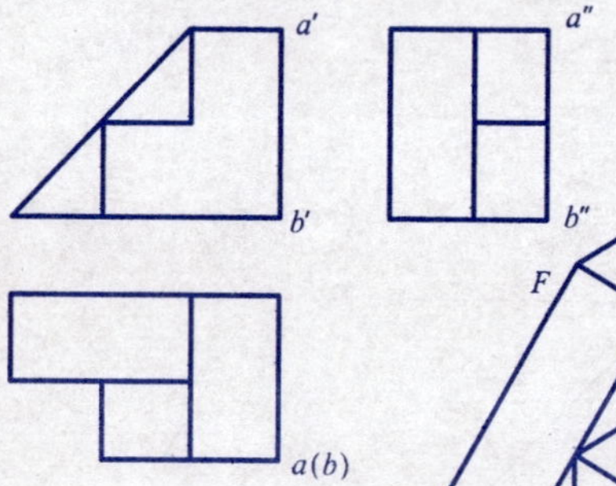

直线	空间位置
AB	铅垂线
BC	
DE	
EF	

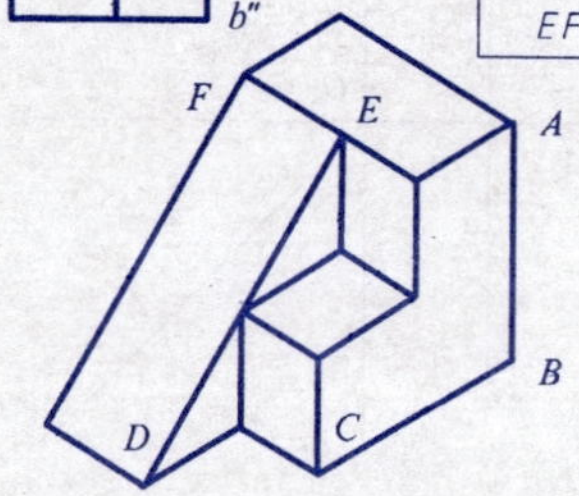

4.在直线AB上求一点C，使$AC:CB=3:2$。

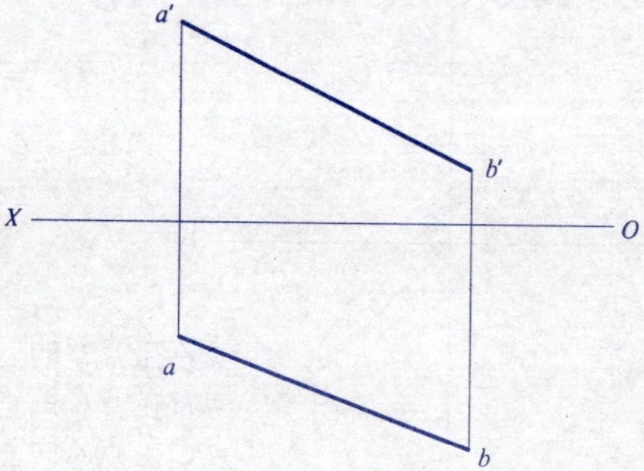

根据要求完成各题

1.已知各直线的两面投影，试求其第三面投影，并判断其对投影面的相对位置。

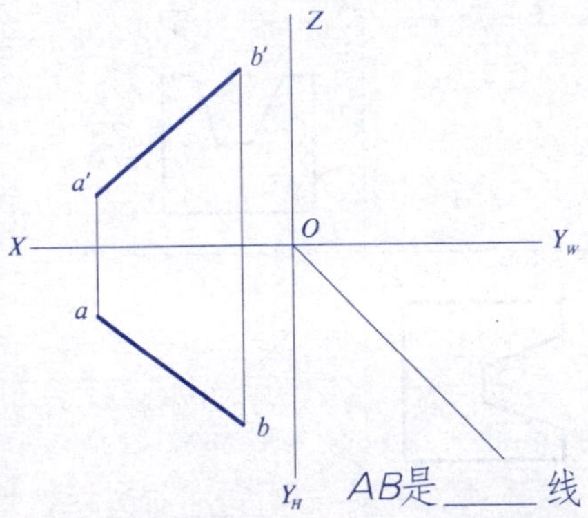

AB是_____线

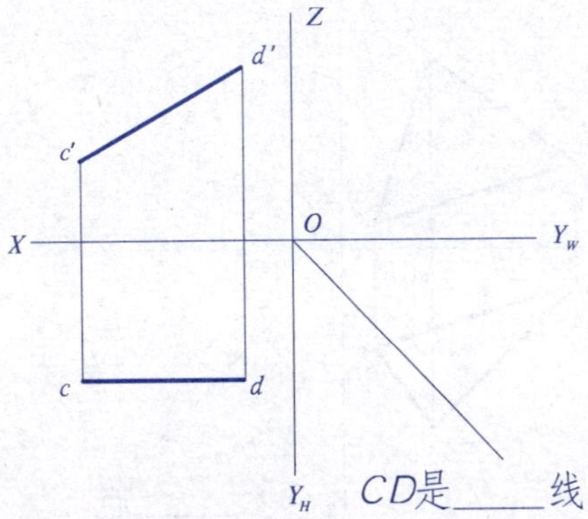

CD是_____线

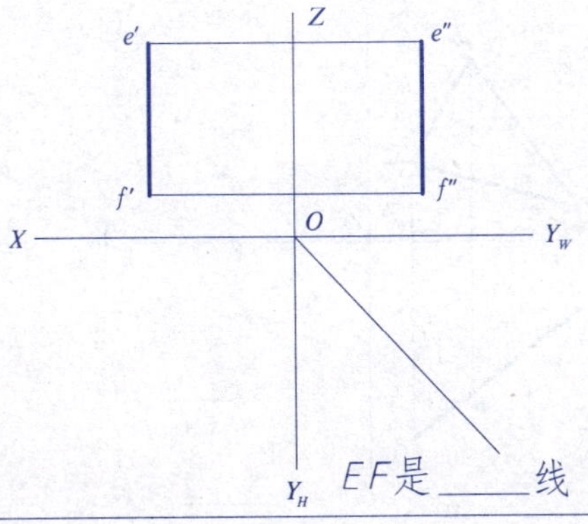

EF是_____线

2.判别直线AB与CD的相对位置(平行、相交、交叉)。

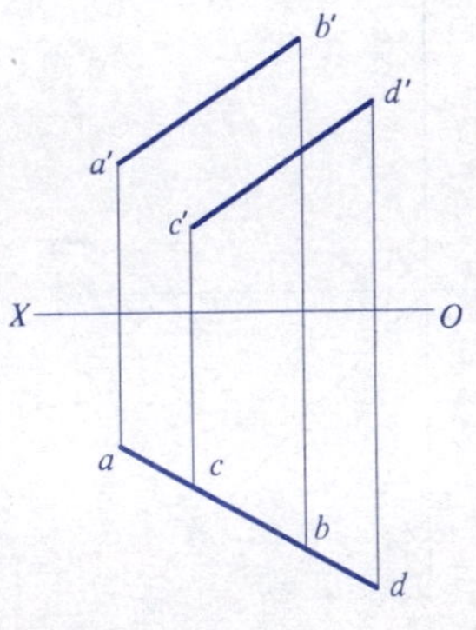

____

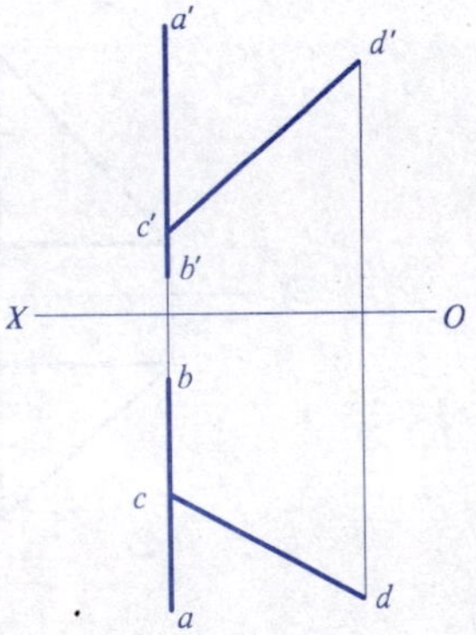

____

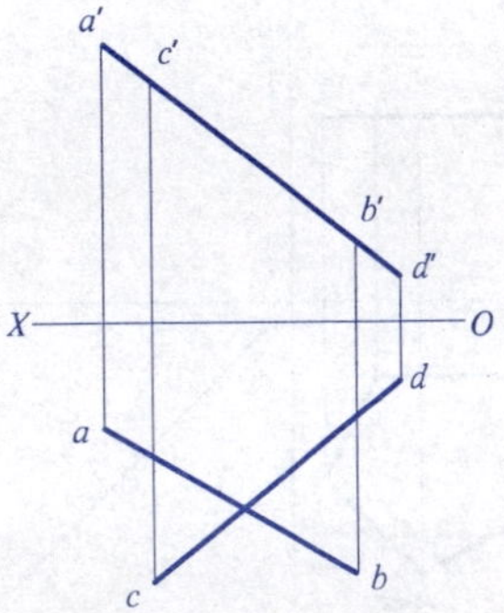

____

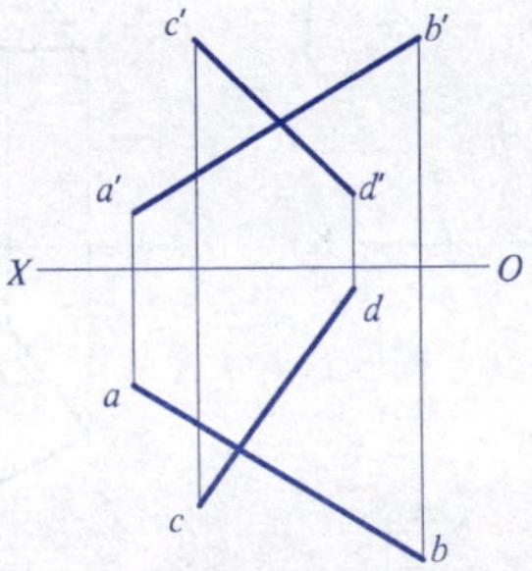

____

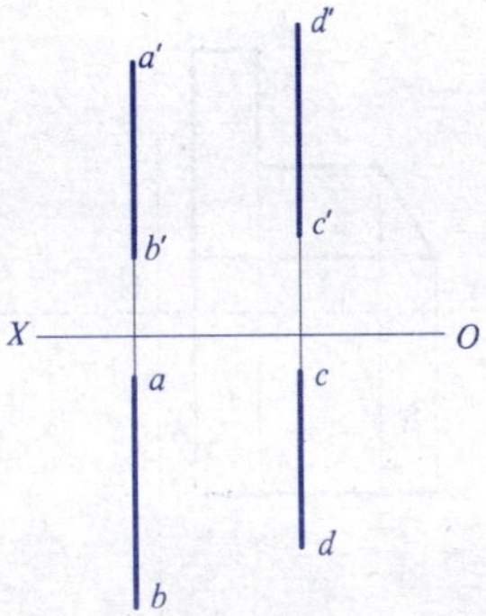

____

已知各平面的两面投影，试求其第三面投影，并判断其对投影面的相对位置

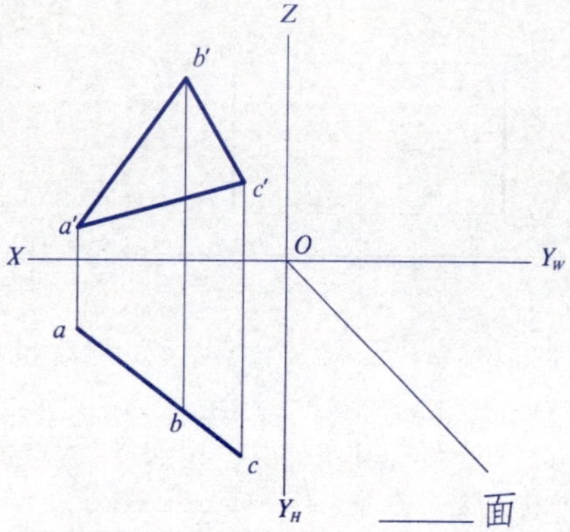

______面

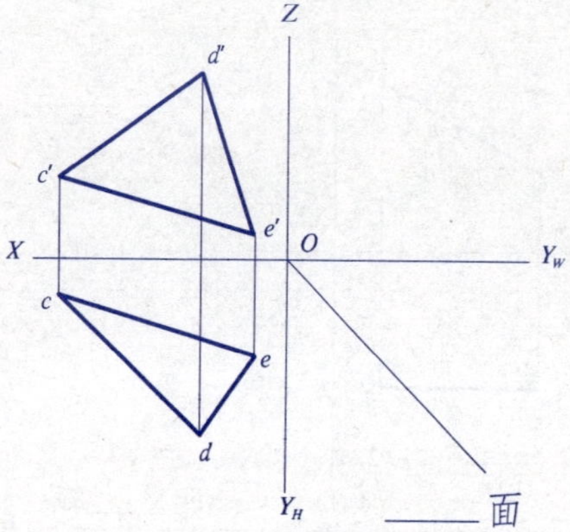

______面

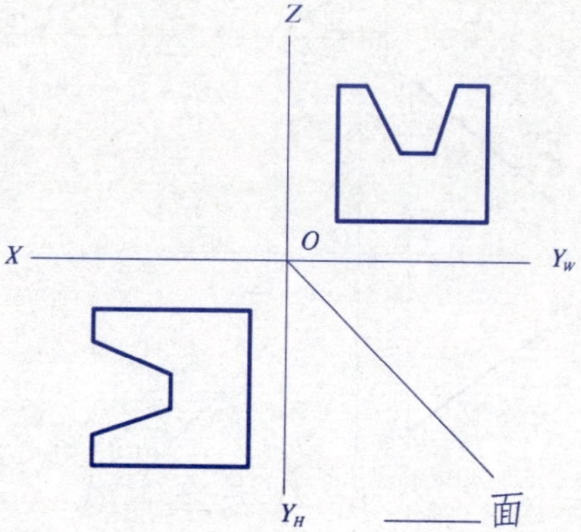

______面

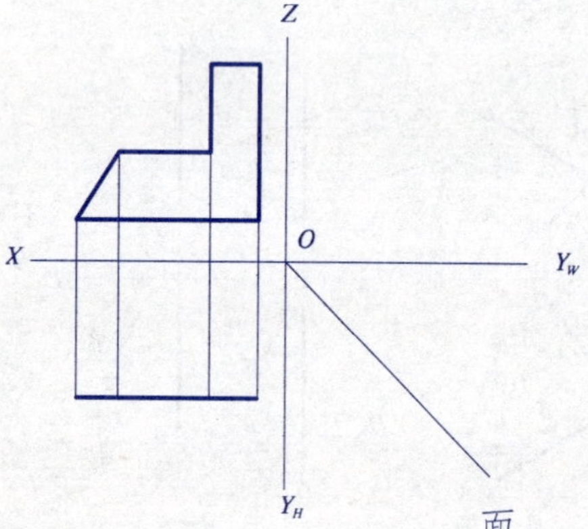

______面

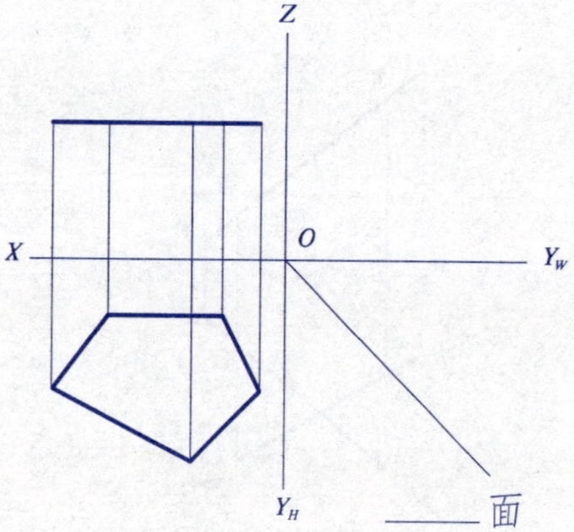

______面

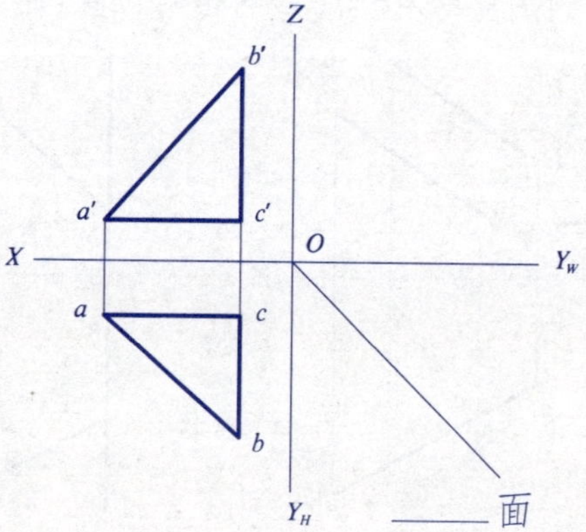

______面

根据要求完成各题

1.已知点K在三角形ABC平面上，完成点和平面的三面投影。

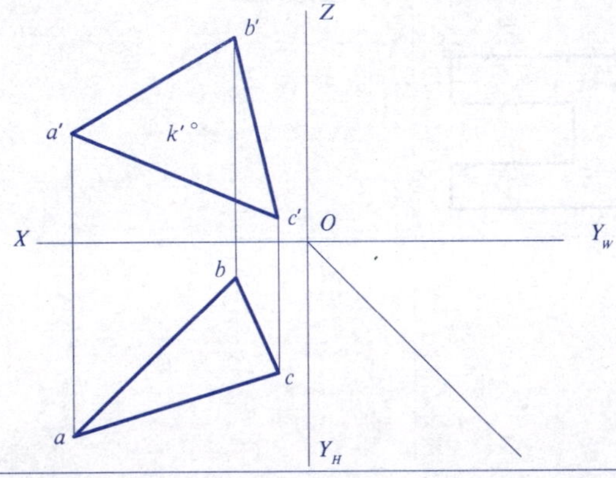

2.根据已知投影，完成五边形ABCDE的正面投影。

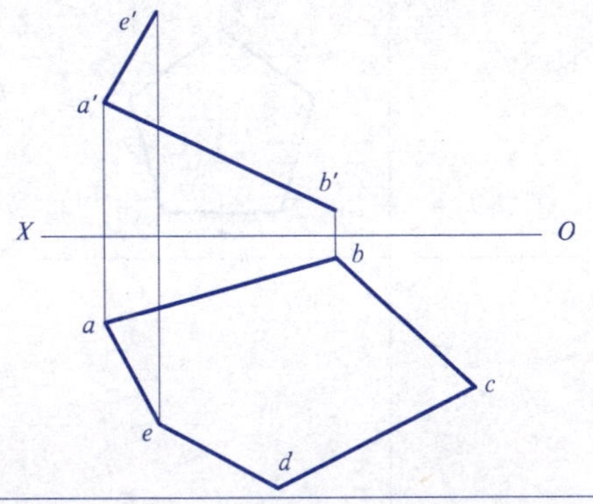

3.在投影图中标出立体图上各平面的三面投影，并写出其空间位置。

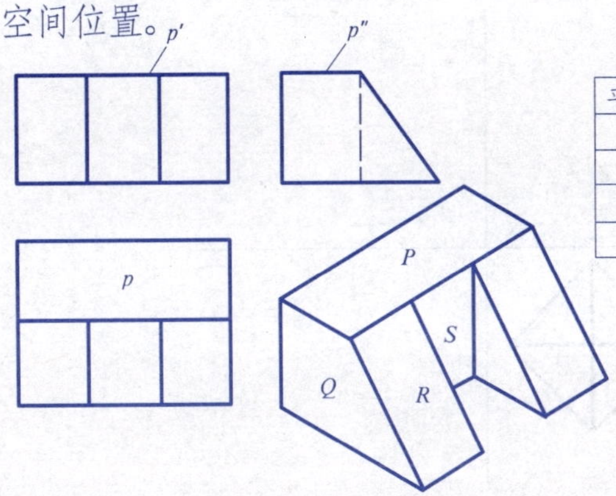

平面	空间位置
P	水平面
Q	
R	
S	

4.在三角形ABC上作一条距离H面15 mm的水平线EF和一条距离V面18 mm的正平线GH。

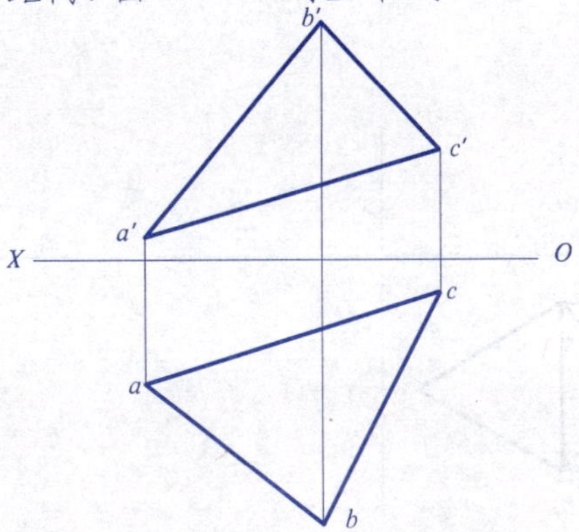

根据已知条件完成平面体的三视图

1.两底面距离为28 mm的五棱柱。

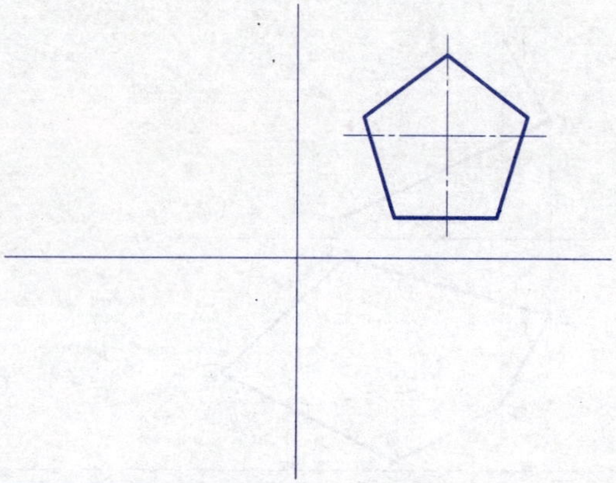

2.两底面距离为20 mm的直棱柱。

3.高度均为20 mm的四棱台和三棱柱。

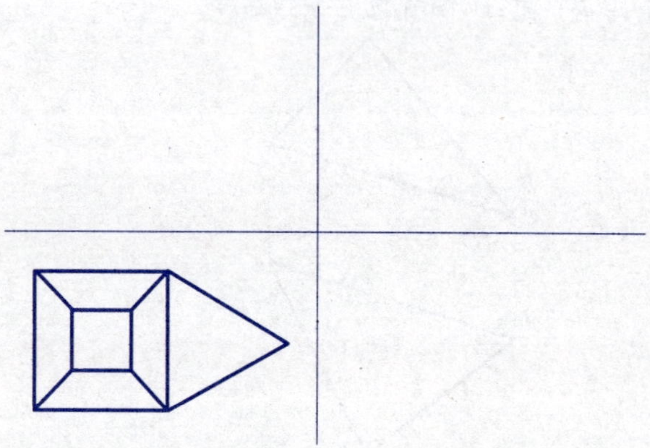

4.水平放置的正三棱柱和同一水平面上高度为20 mm的四棱锥。

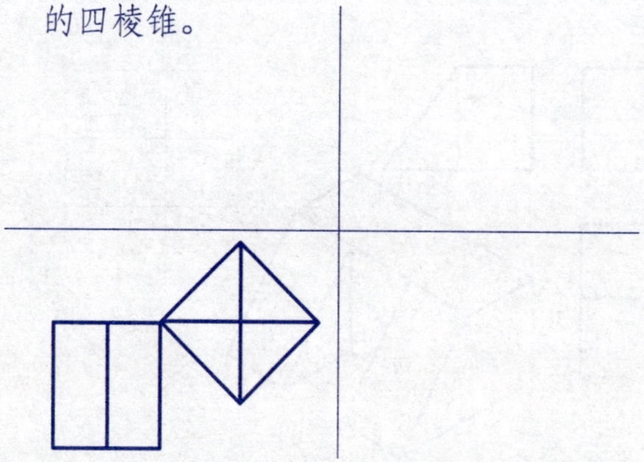

根据两视图补画第三视图

1.

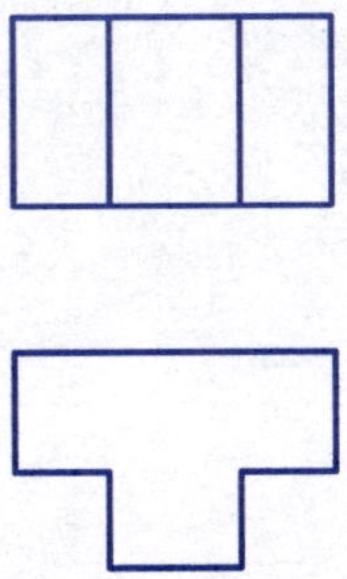

2.

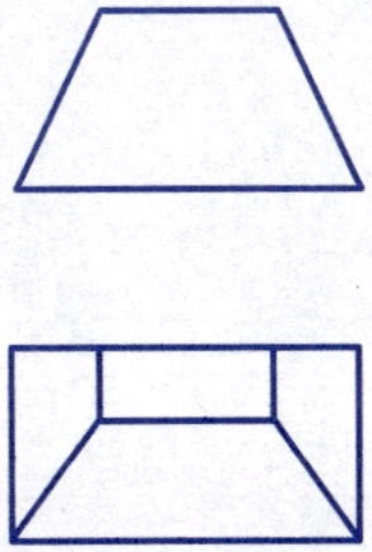

3.

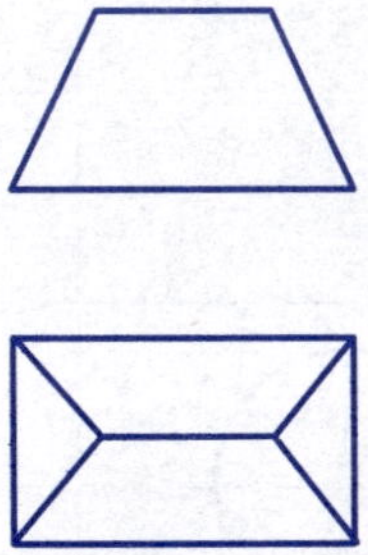

4.

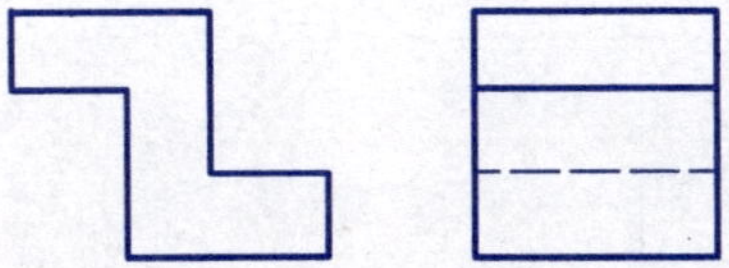

5.

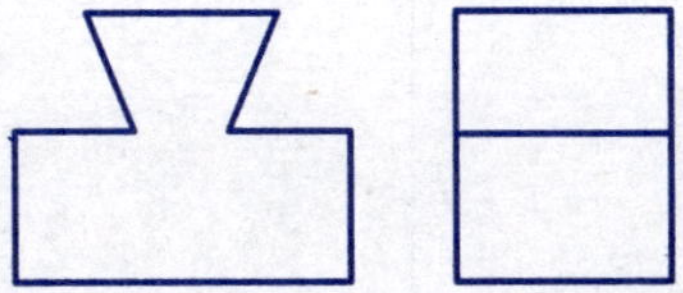

6.

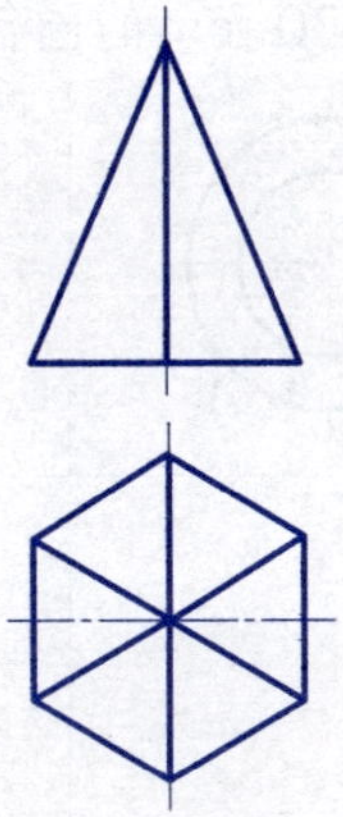

根据已知条件完成曲面体的三视图

1.高度为20 mm的圆锥。

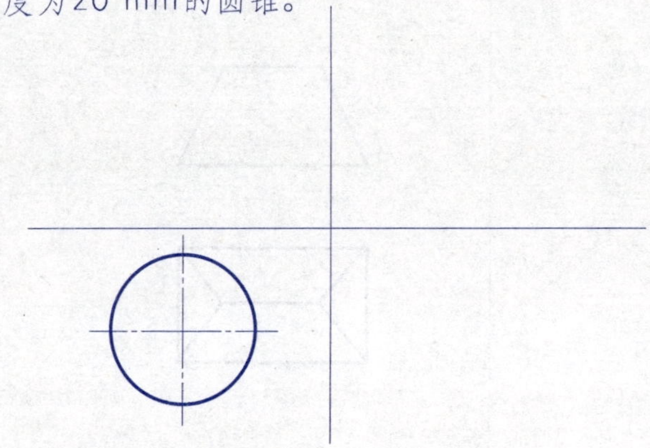

2.两底面距离为20 mm的圆锥台。

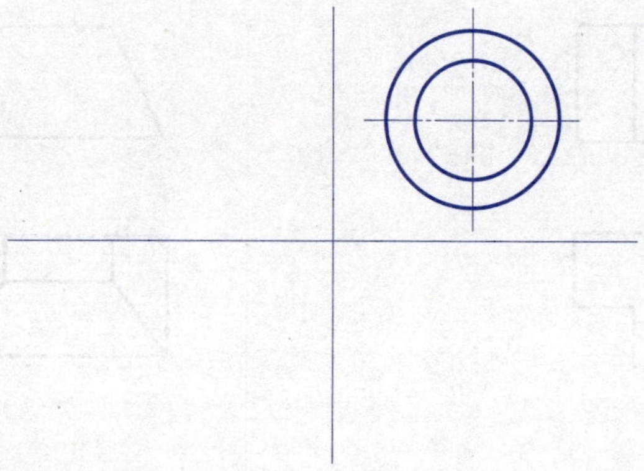

3.两底面距离为20 mm的圆筒。

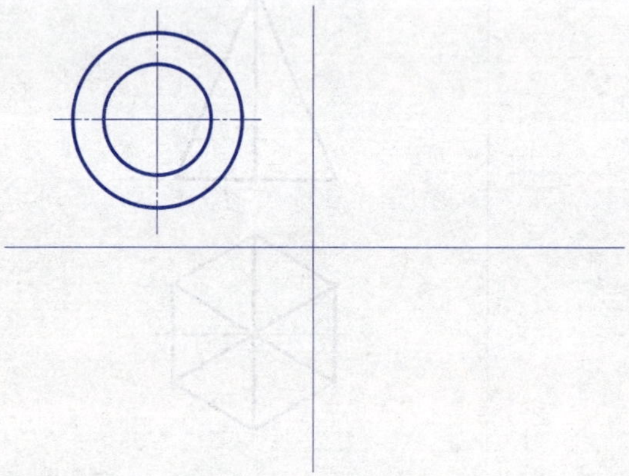

4.半球体与圆柱叠加。

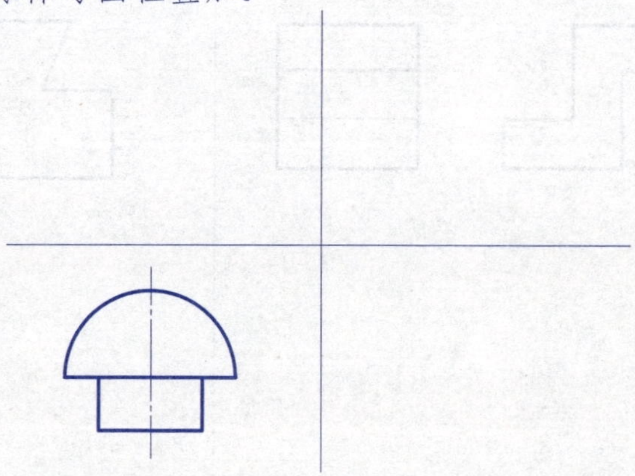

根据两视图补画第三视图

1.

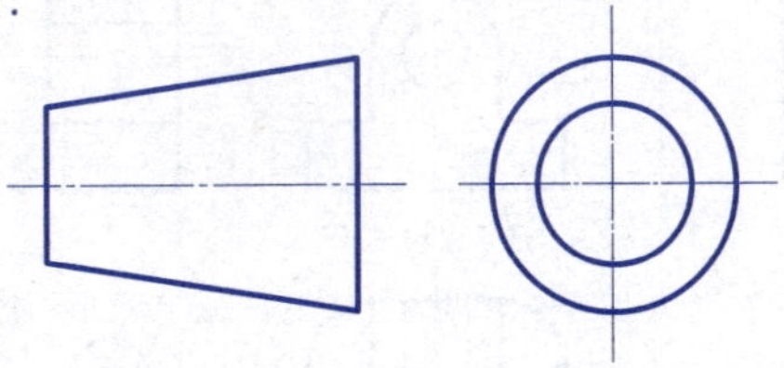

2.

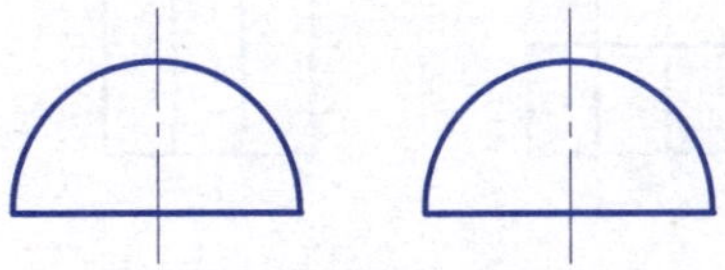

3.

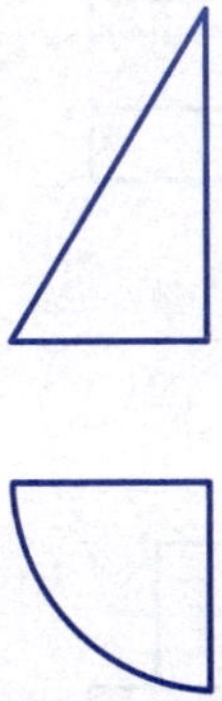

4.

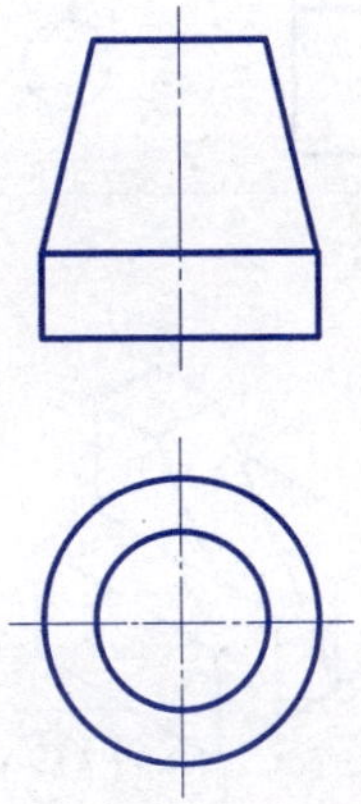

5.

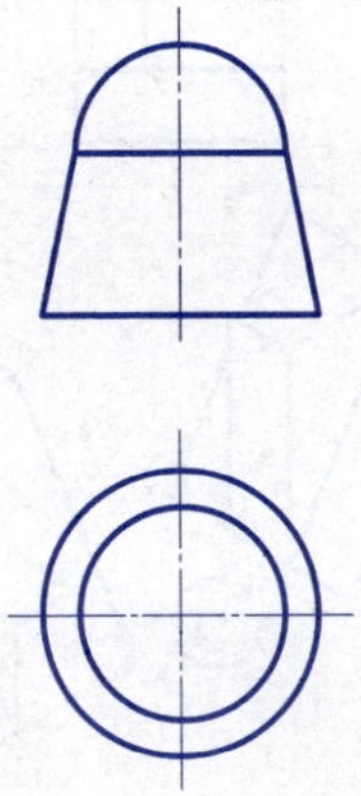

6.

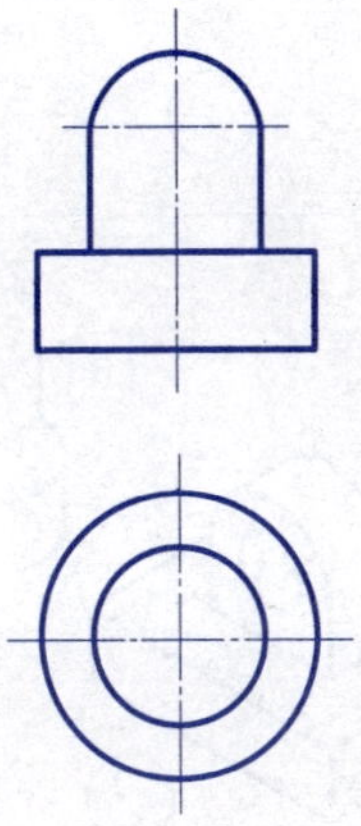

3-2 曲面体的投影(二)	班级		姓名		学号		页次	17

观察各形体的立体图，找出与其相对应的视图，在视图的空圈内填写对应的序号

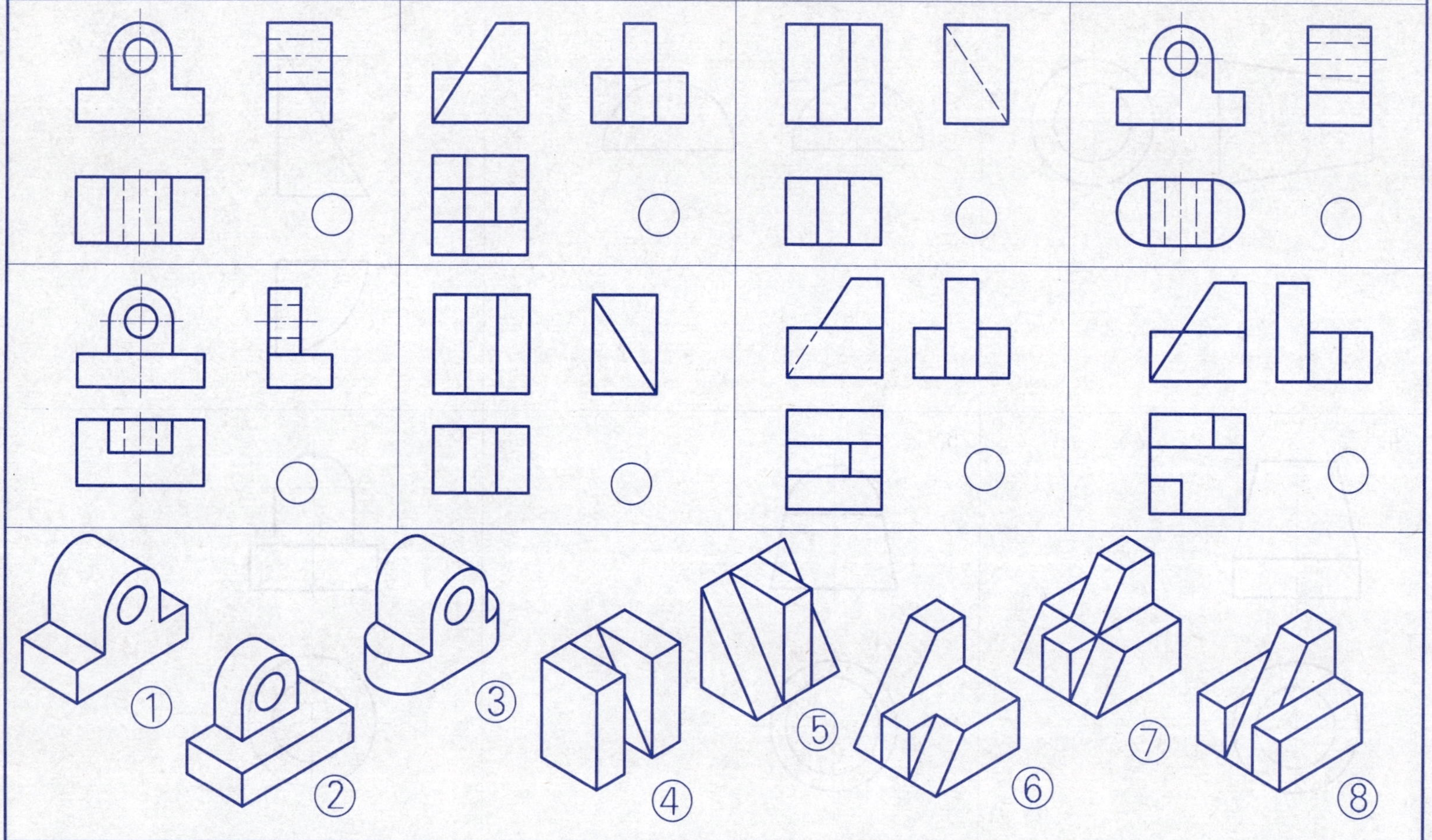

根据两视图补画第三视图

1.

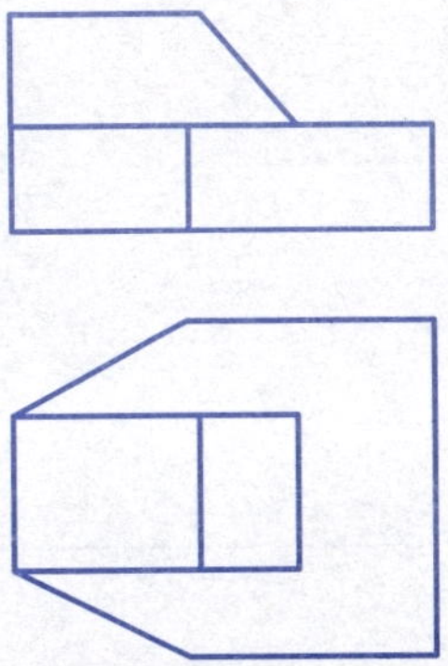

2.

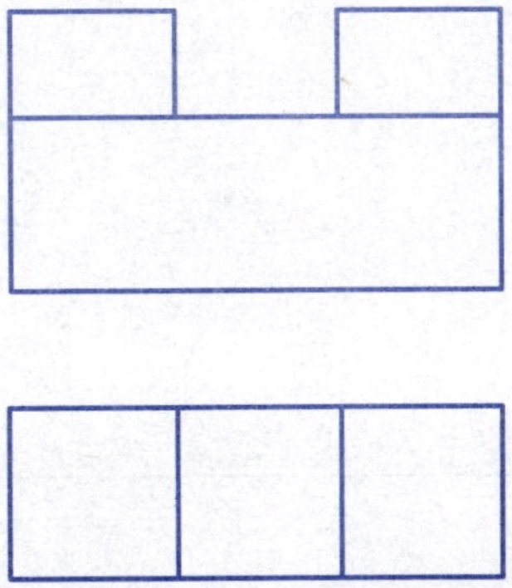

3.

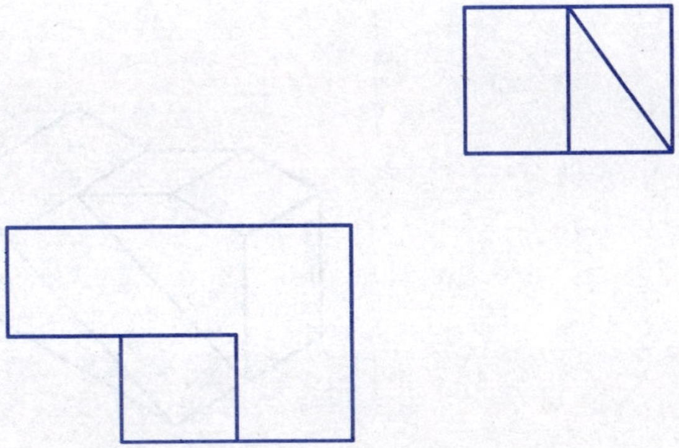

4.

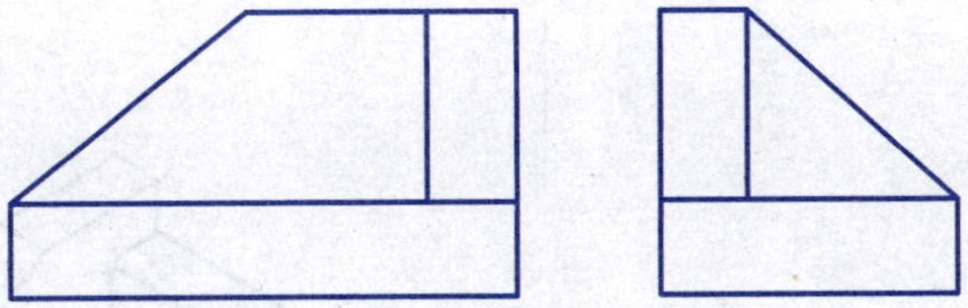

根据立体图完成组合体三视图

1.

2.

根据立体图完成组合体三视图

1.

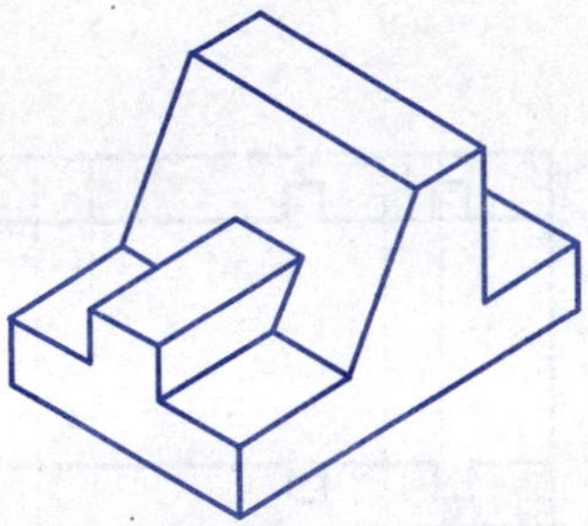

2.

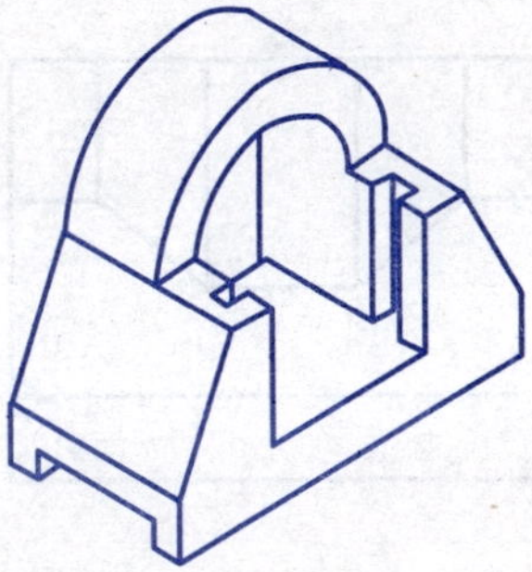

读视图，标注尺寸(尺寸由图中量取，取整数)

1.比例1:2，单位mm。

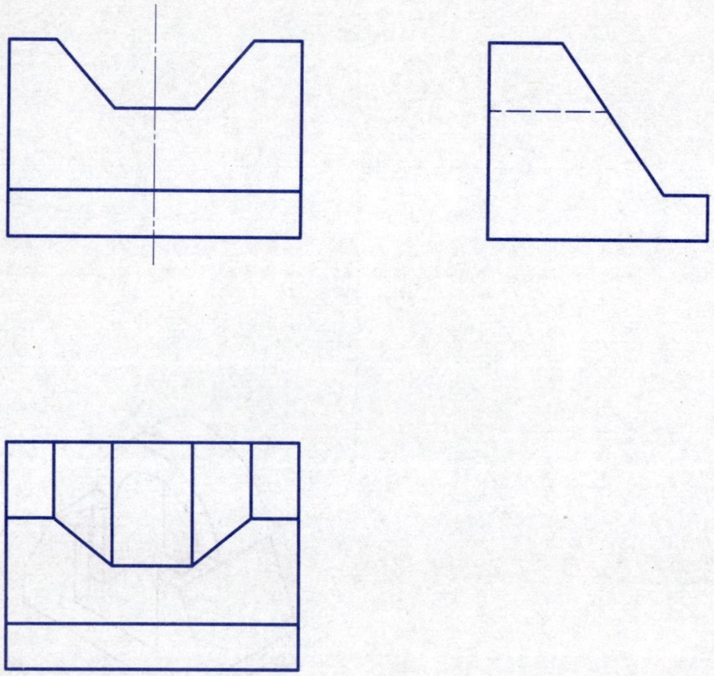

2.比例1:10，单位mm。

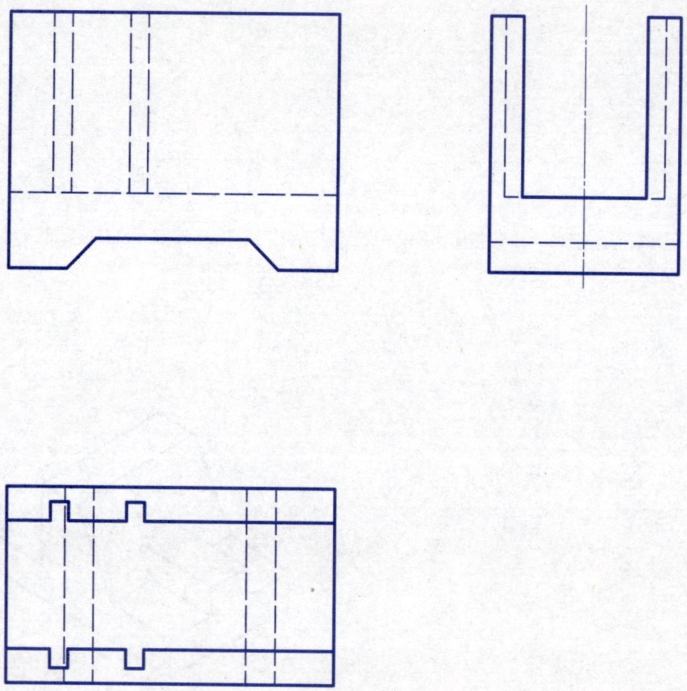

3-4　组合体视图(三)	班级		姓名		学号		页次	22

补全视图中所缺的图线

1.

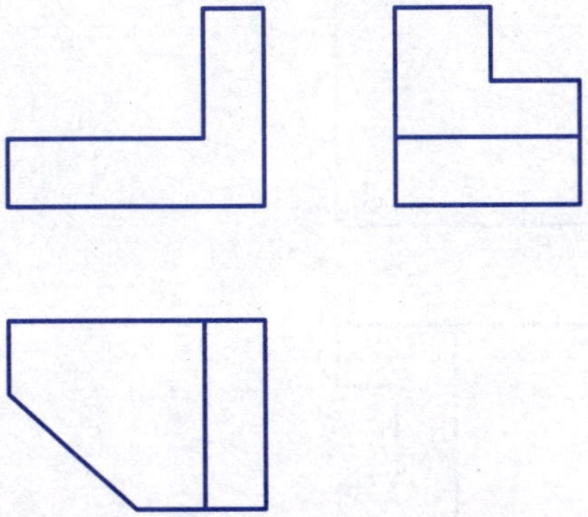

2.

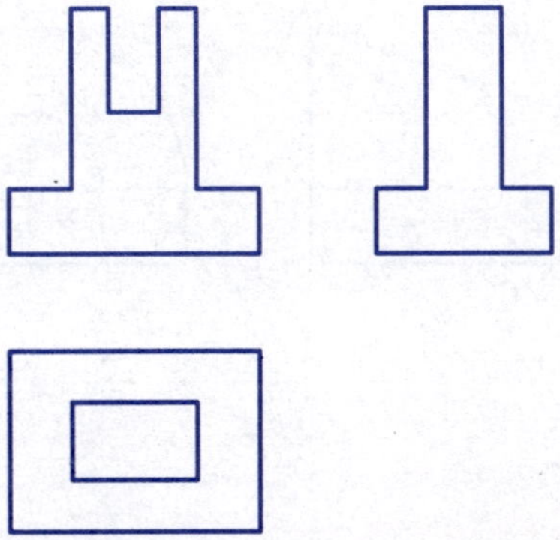

3.

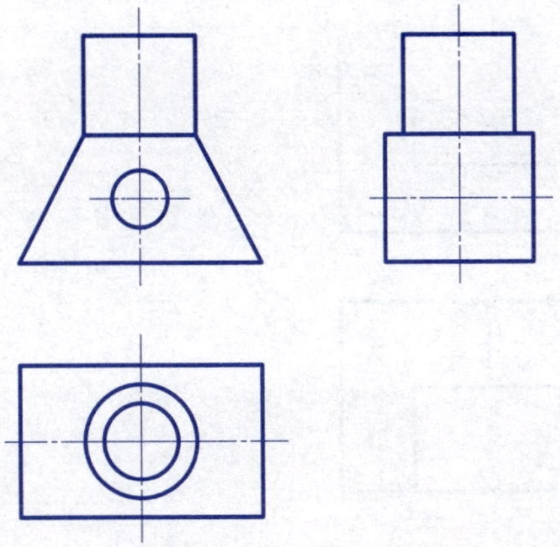

4.

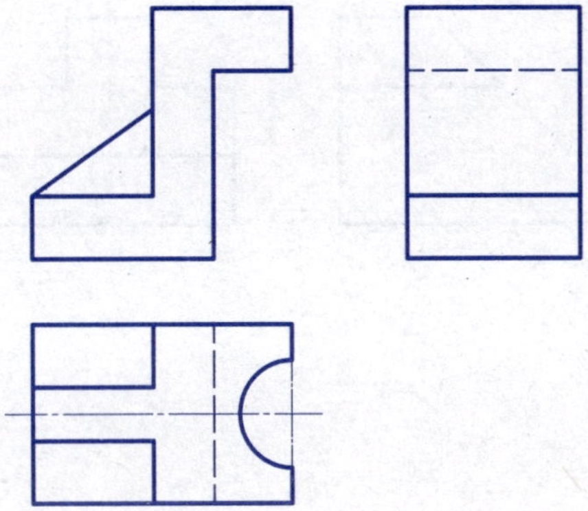

3-4　组合体视图(四)	班级		姓名		学号		页次	23

根据两视图补画第三视图

1.

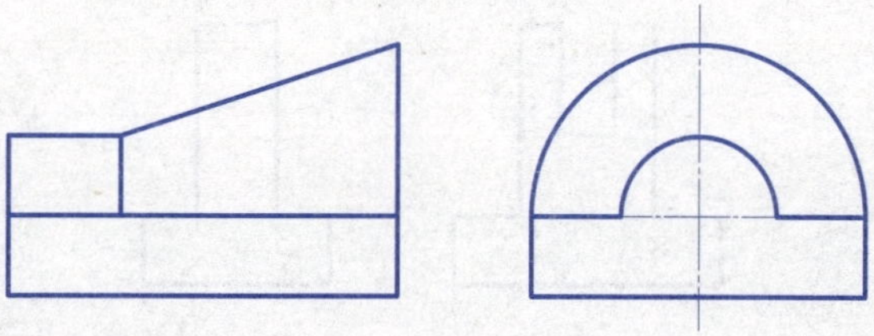

2.

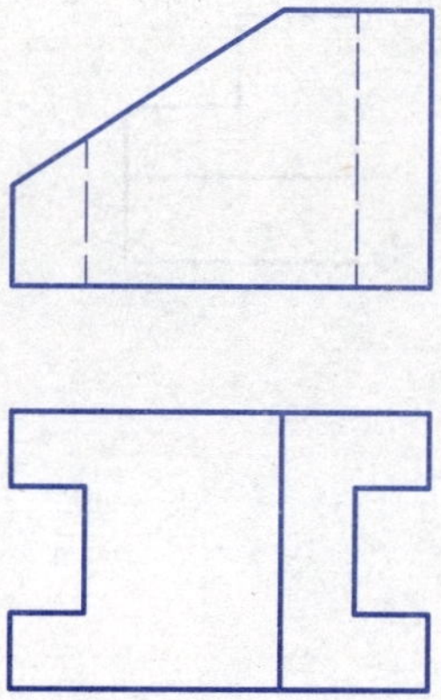

3.

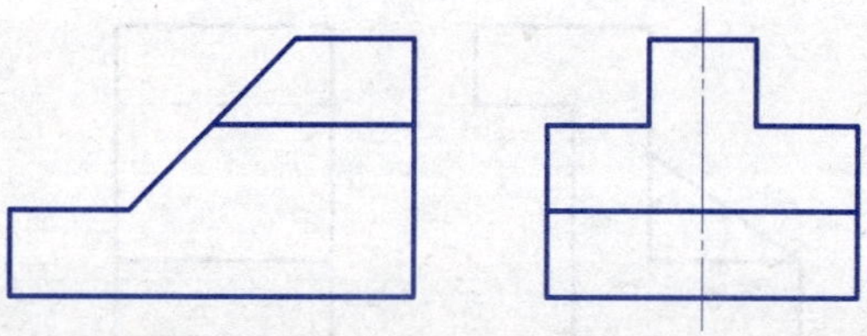

4.

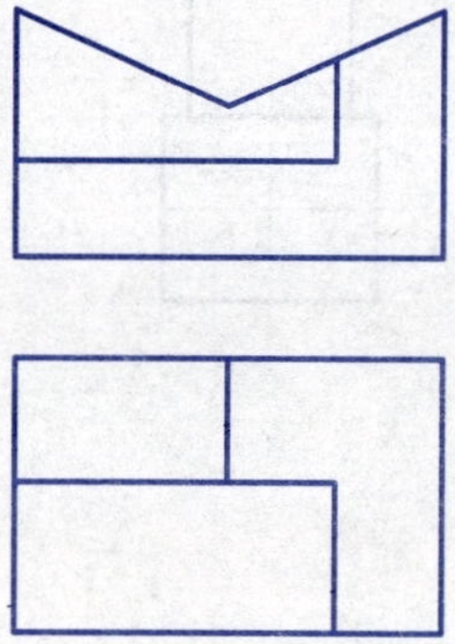

根据两视图补画第三视图

1.

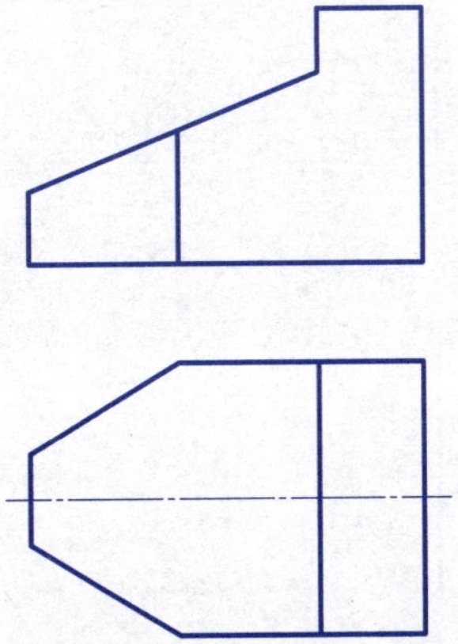

2.

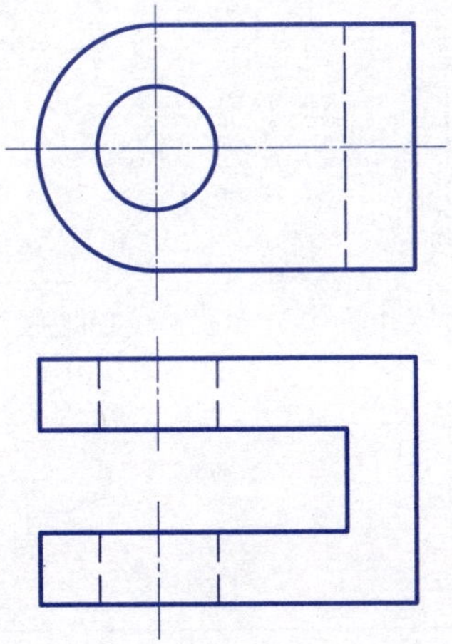

3.

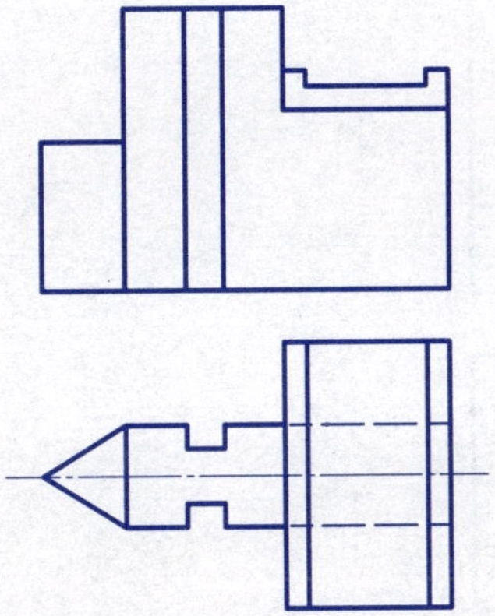

4.

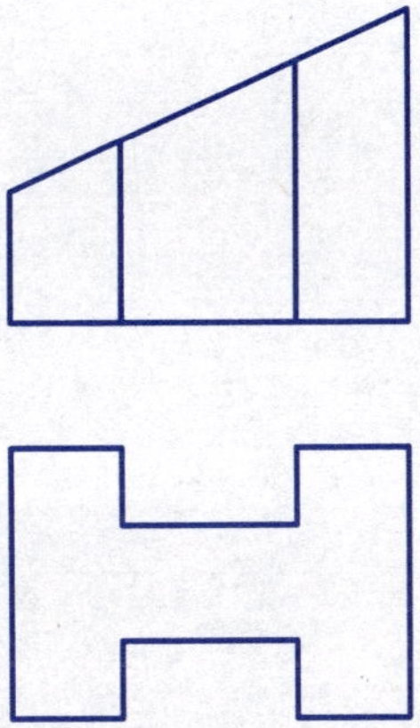

3-4　组合体视图(六)	班级		姓名		学号		页次	25

根据两视图补画第三视图

1.

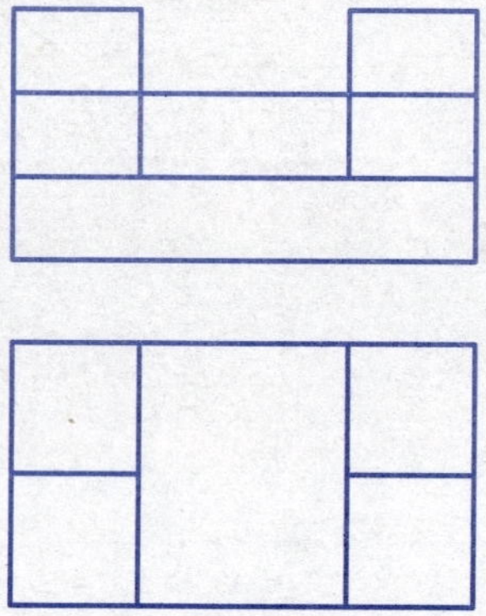

2.

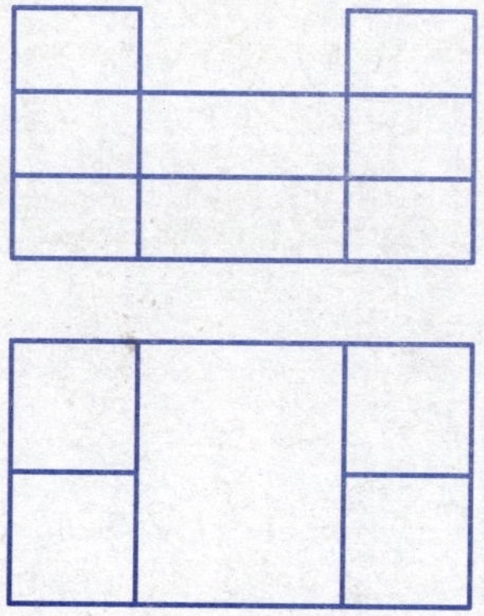

3.

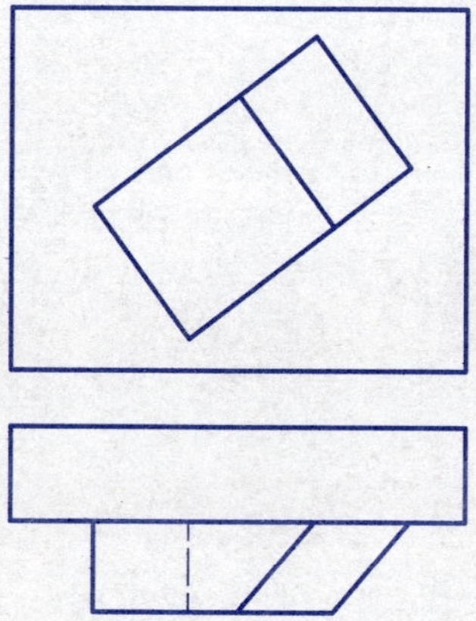

4.

3-4 组合体视图(七)	班级		姓名		学号		页次 26

根据两视图补画第三视图

1.

2.

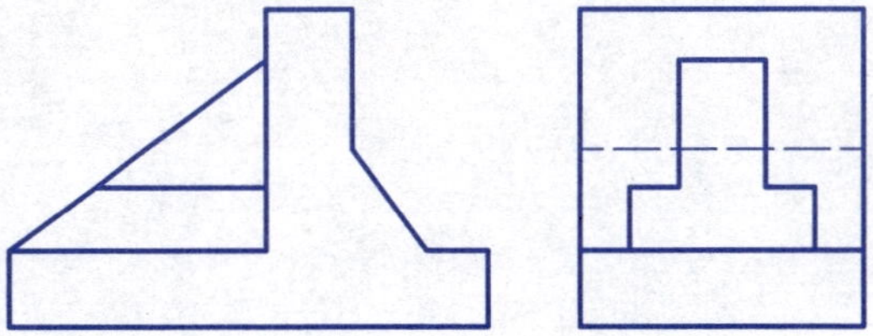

3.

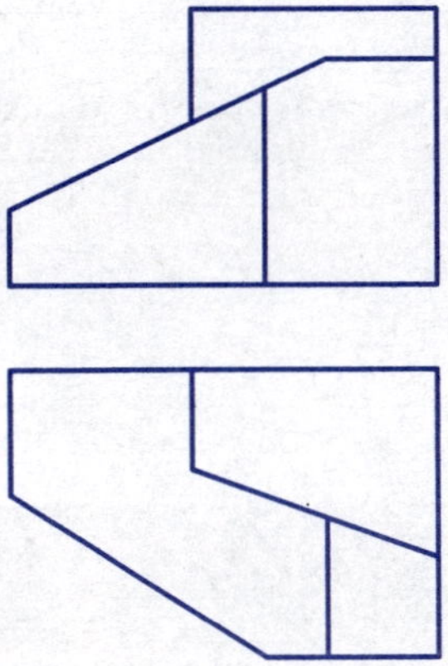

4.

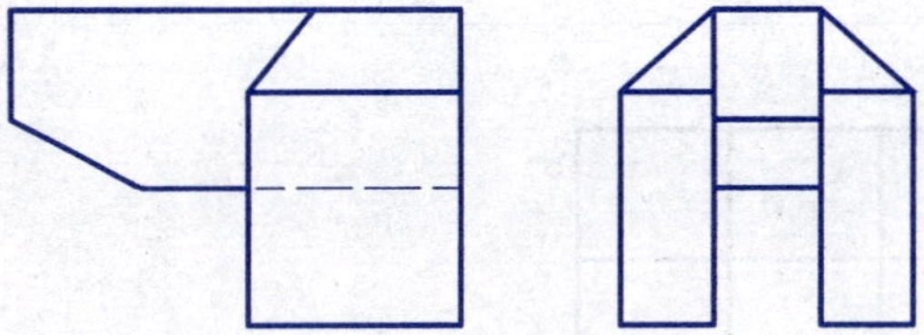

根据一面视图构形立体完成三视图，并在空白处徒手画出轴测草图

1.

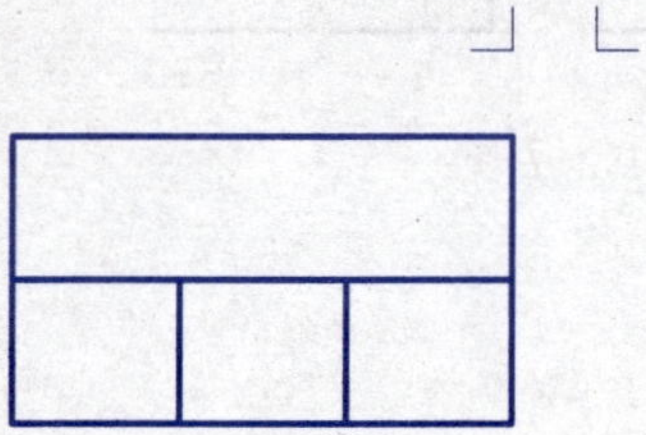

2.

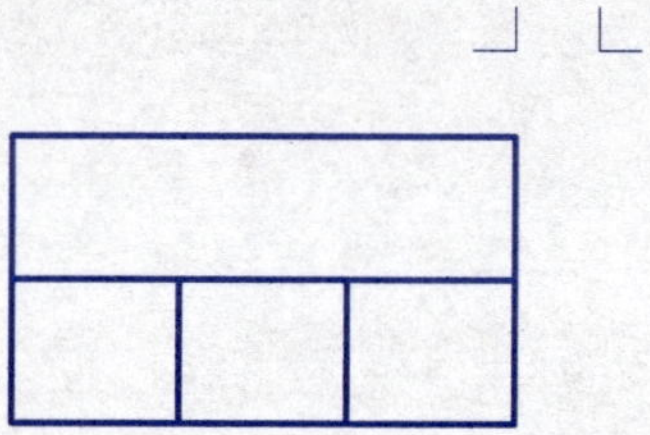

3.

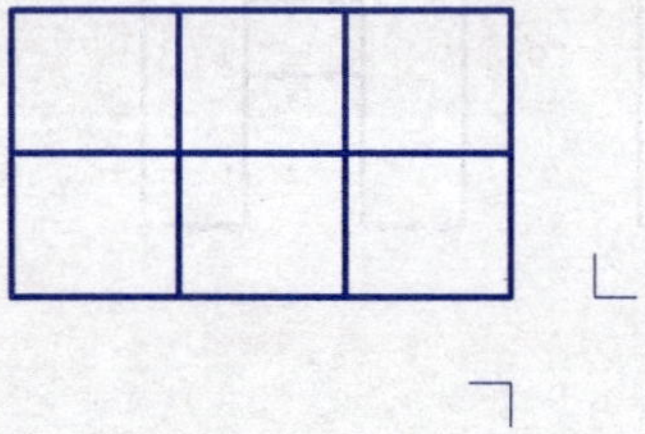

4.

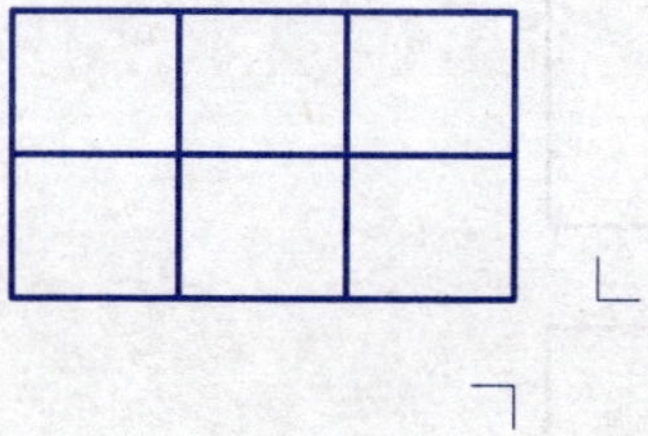

3-4　组合体视图(九)	班级		姓名		学号		页次	28

根据三视图，画平面体的正等测图

1.

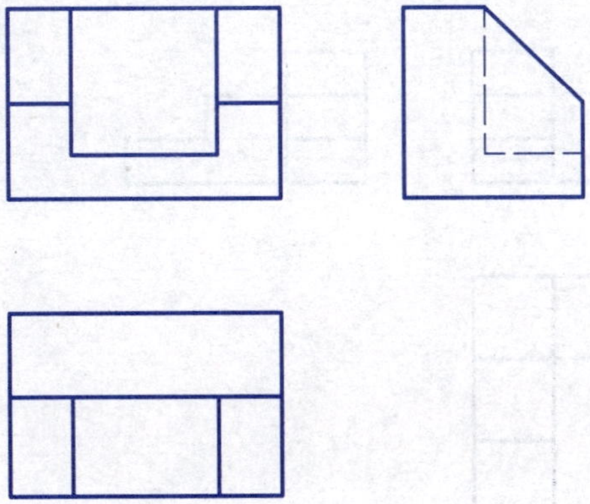

2.

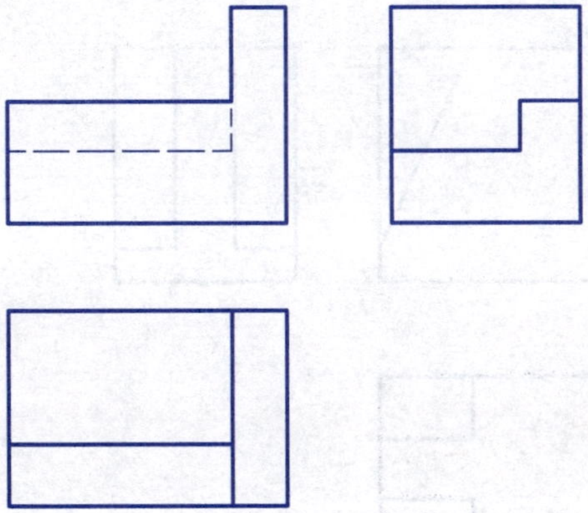

根据三视图，画平面体的正等测图

1.

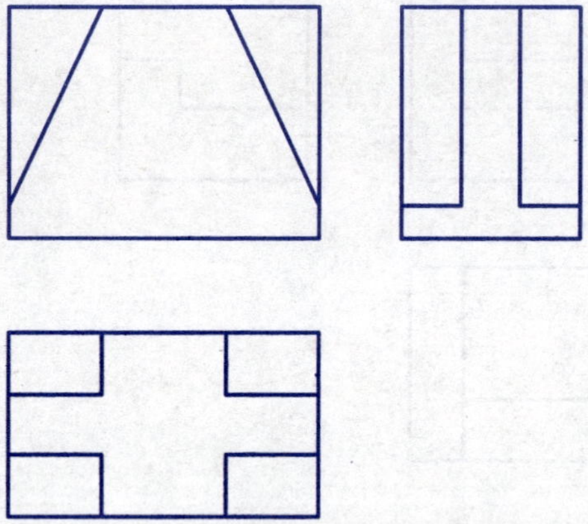

2.

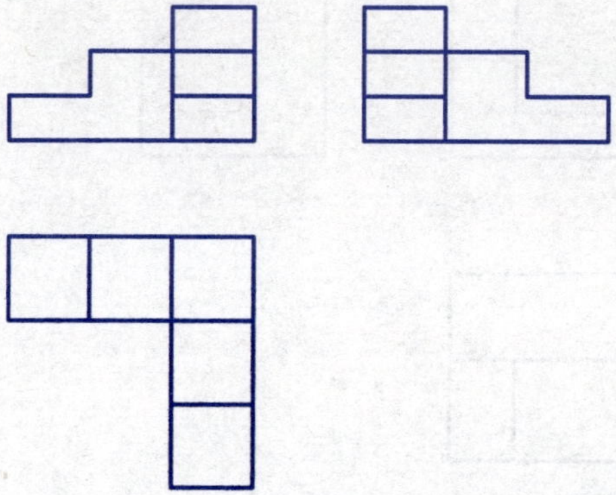

4-1　平面体轴测图的画法(二)	班级		姓名		学号		页次	30

根据三视图，画平面体的斜二测图

1.

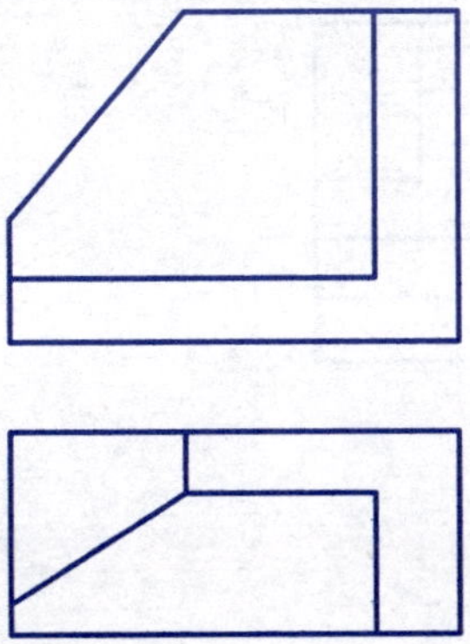

2.

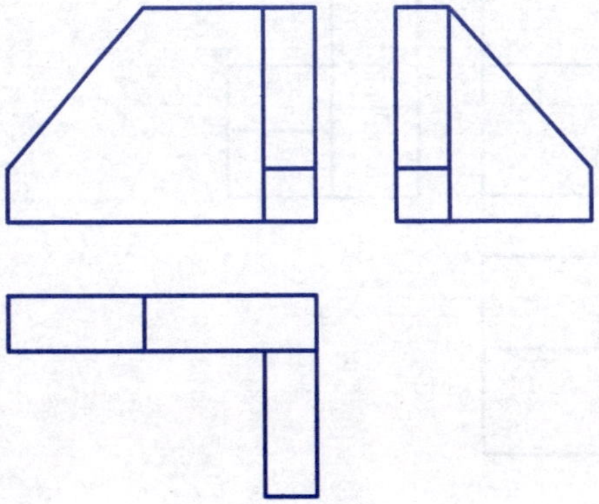

根据所给视图,画平面体的斜二测图

1.

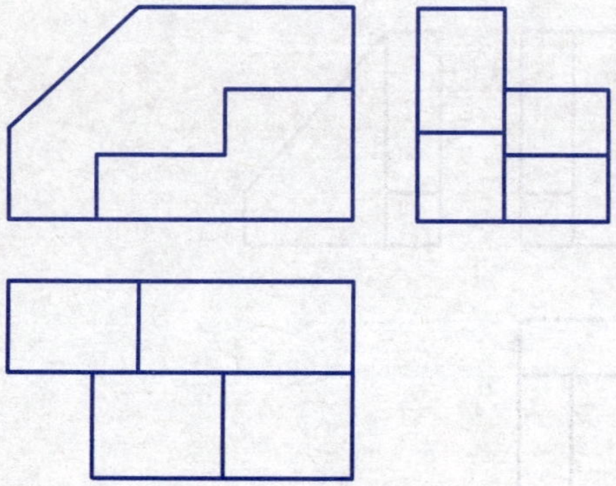

2.

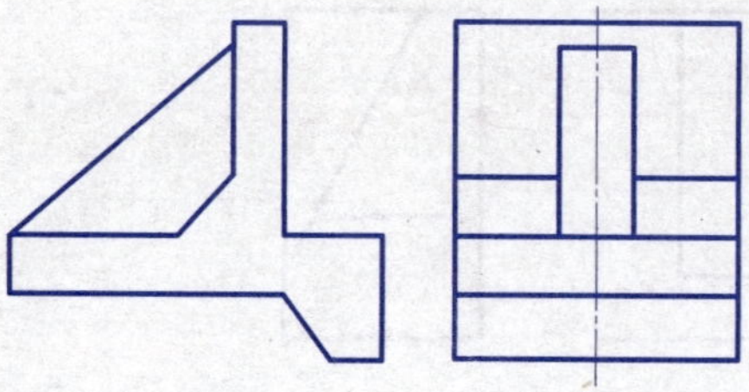

4-1　平面体轴测图的画法(四)	班级		姓名		学号		页次	32

根据三视图，画曲面体的正等测图

1.

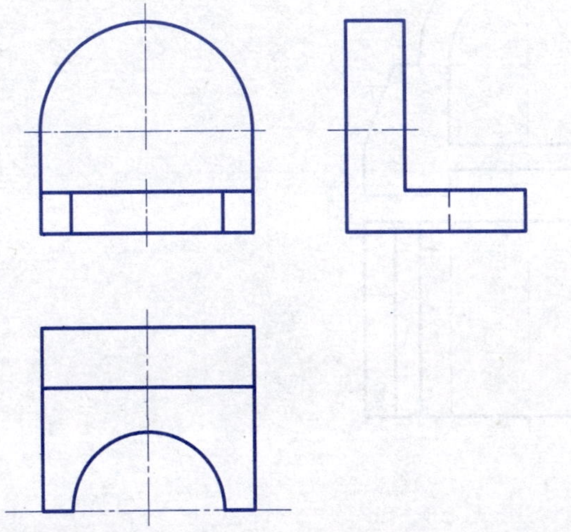

2.

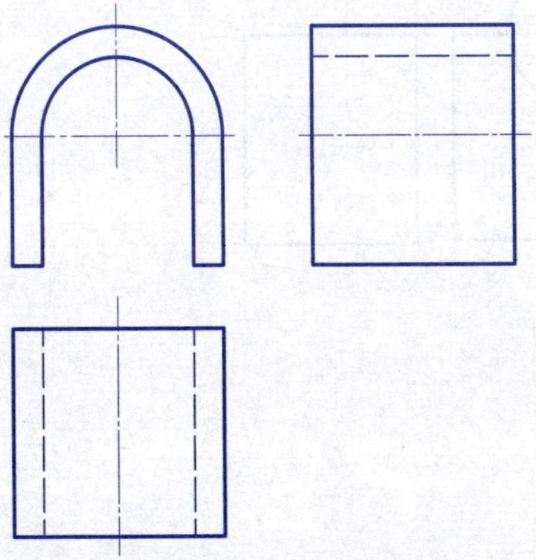

根据所给视图，画曲面体的斜二测图

1.

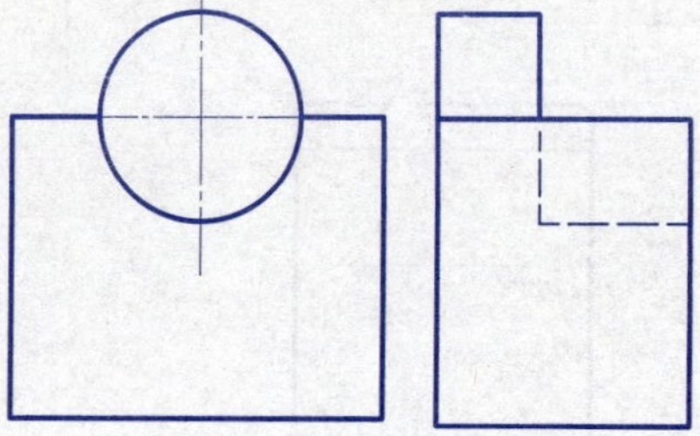

2.

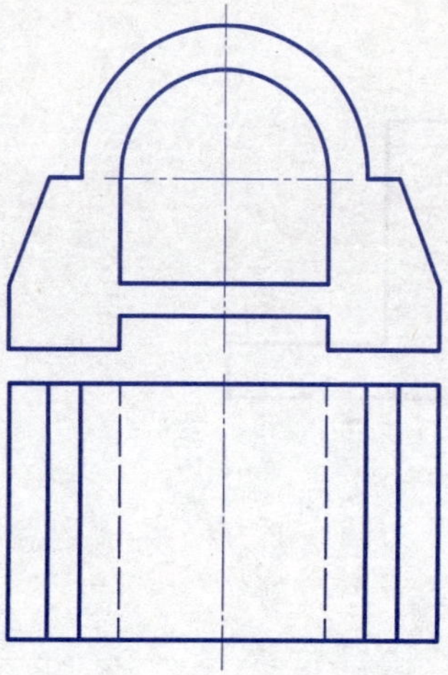

绘制建筑形体的轴测图

大作业　绘制渡槽和消力池的轴测图

一、图名

渡槽和消力池的轴测图。

二、目的

掌握正等测图和正面斜二测图的基本画法。

三、图纸要求

A3图幅，铅笔加粗图线。

四、内容

1.采用简化系数作渡槽的正等测图,并且进行尺寸标注。

2.采用轴向伸缩系数绘制消力池的正面斜二测图,并进行尺寸标注。

五、具体要求

1.绘图时,应考虑两个图形在图纸中的位置,避免图面布置不当。

2.所给尺寸单位为mm,按所给尺寸,自己选用合适的比例绘制。

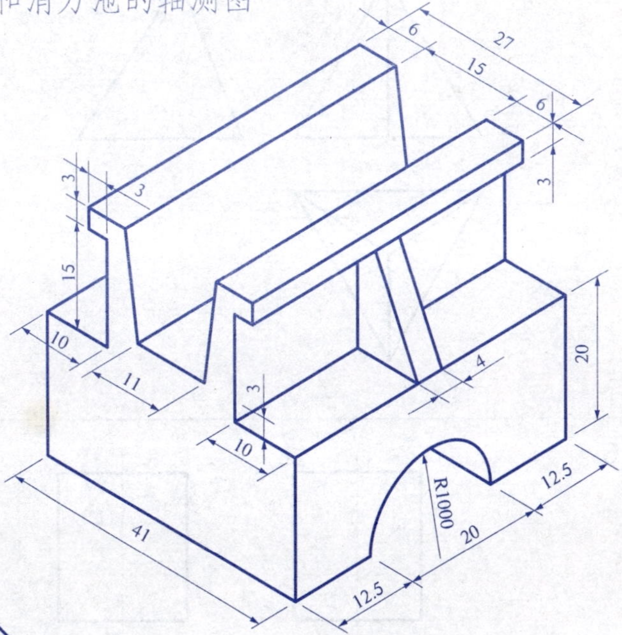

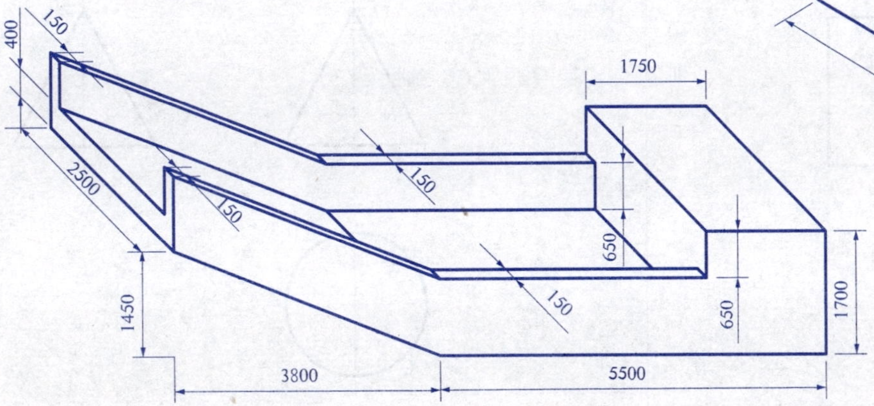

完成立体表面的点的其余投影

1.

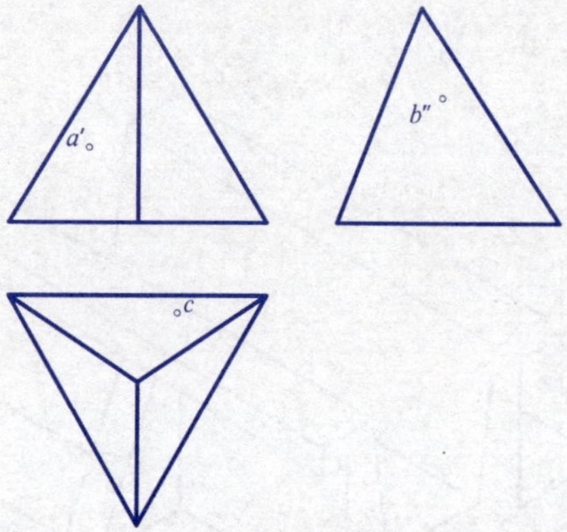

2.

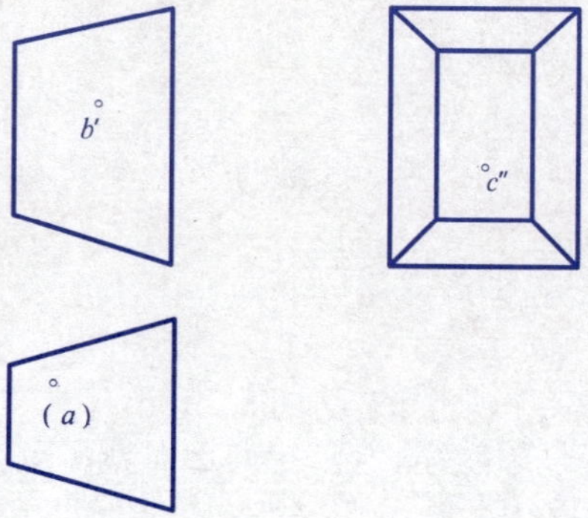

3.

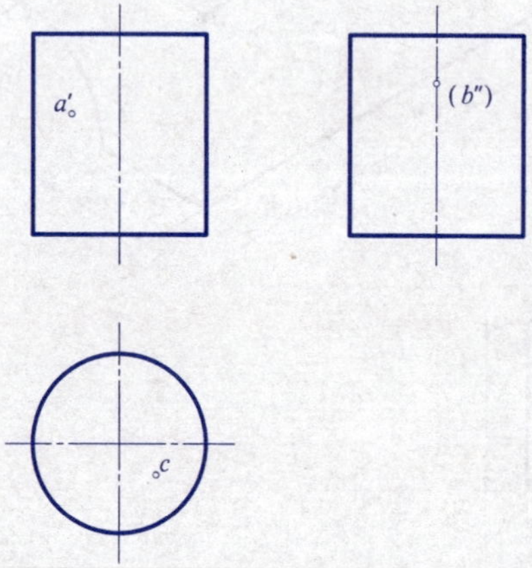

4.

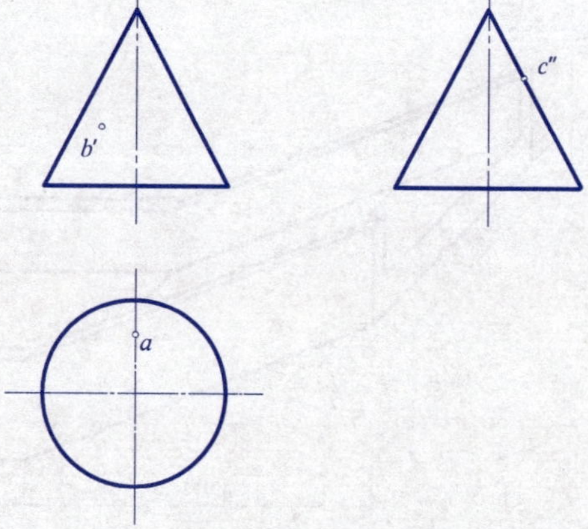

5-1　立体表面求点	班级		姓名		学号		页次	36

完成平面体截切的三视图

1.

2.

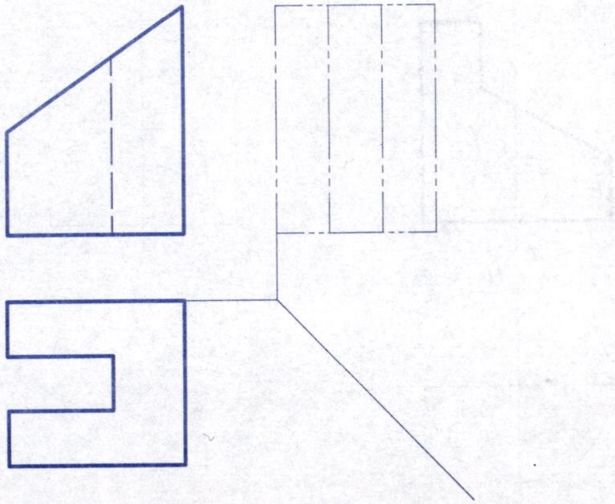

3.

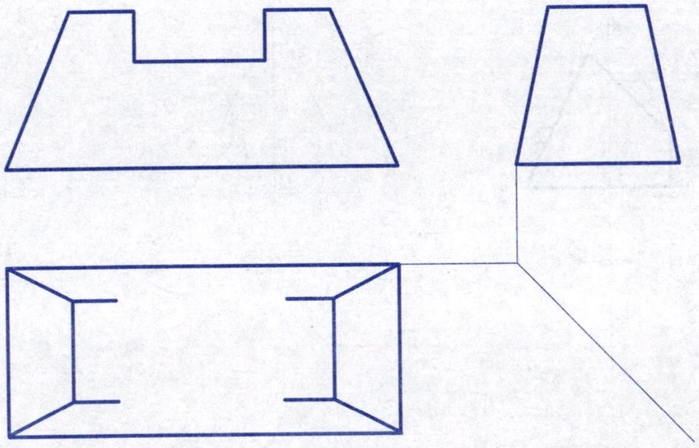

4.

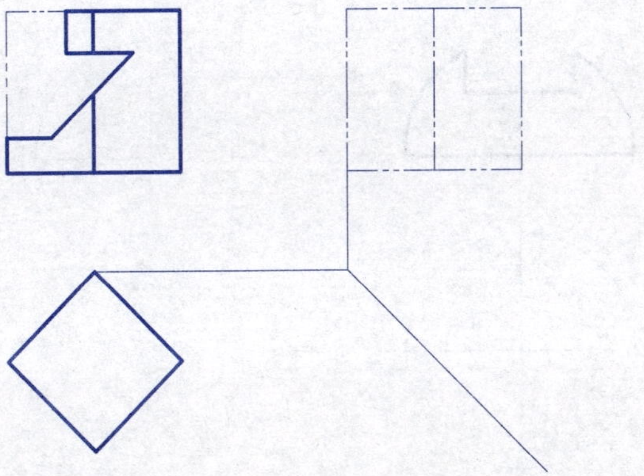

5-2 立体的截交线(一)	班级		姓名		学号		页次	37

完成曲面体截切后的三面投影图

1.

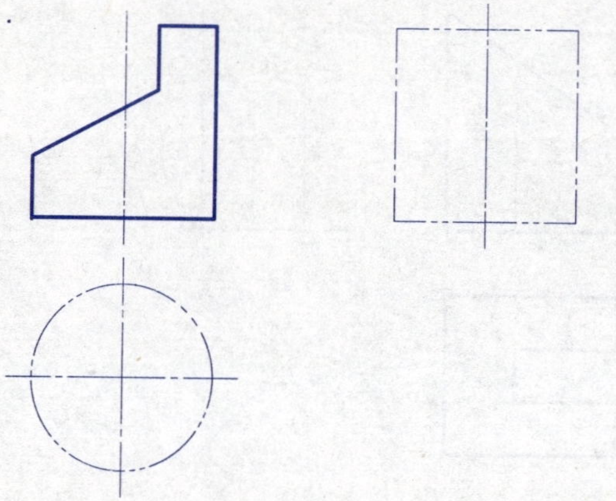

2.

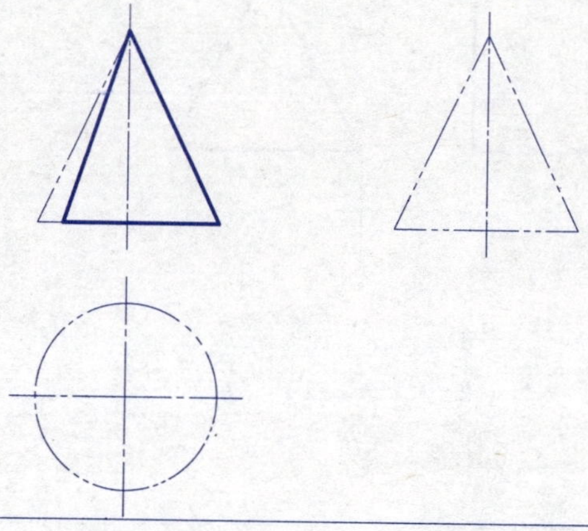

3.

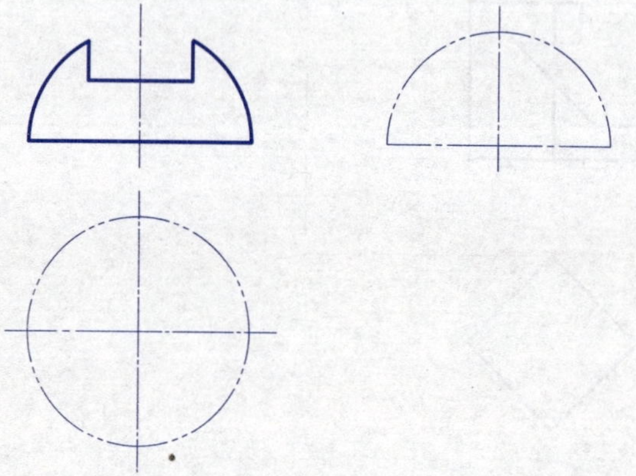

4.

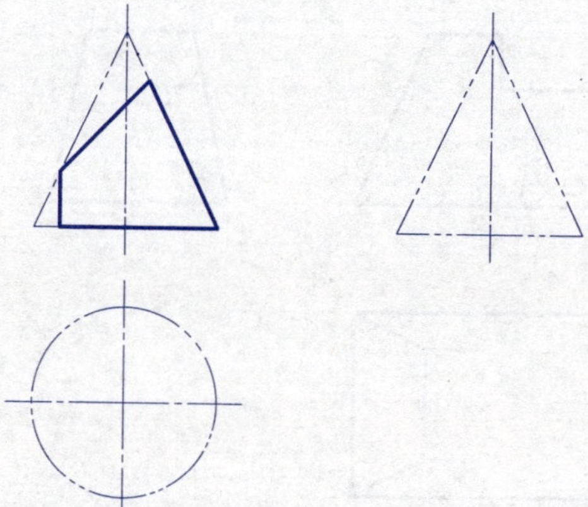

完成相交两立体的三面投影

1.

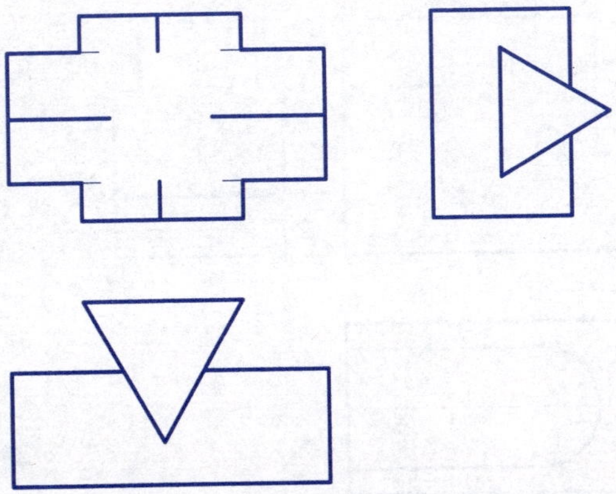

2.

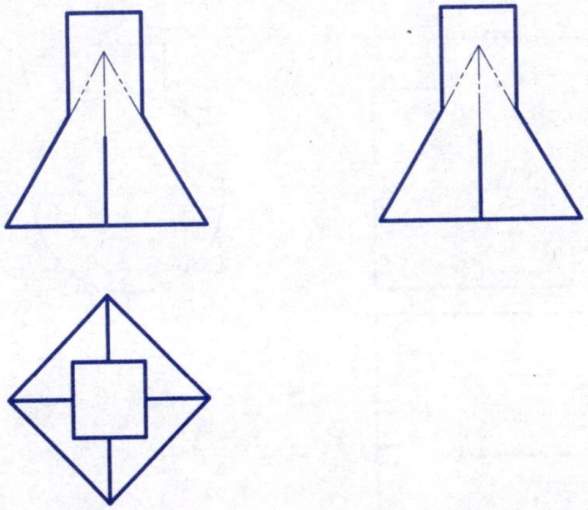

3.

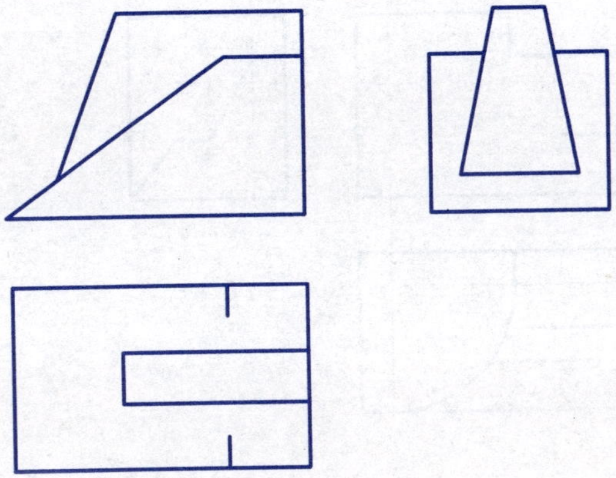

4.

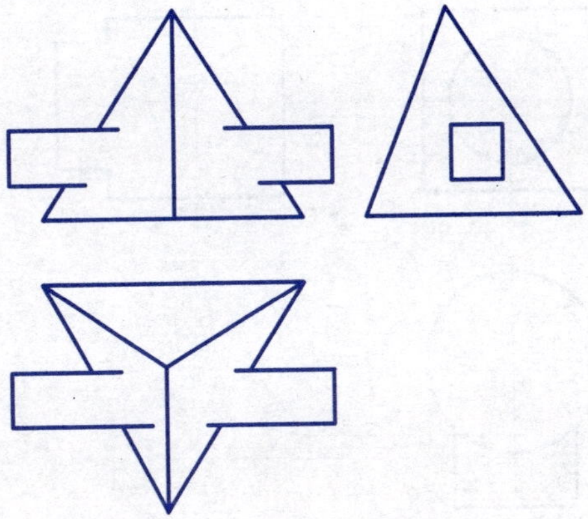

完成相交两立体的三面投影

1.

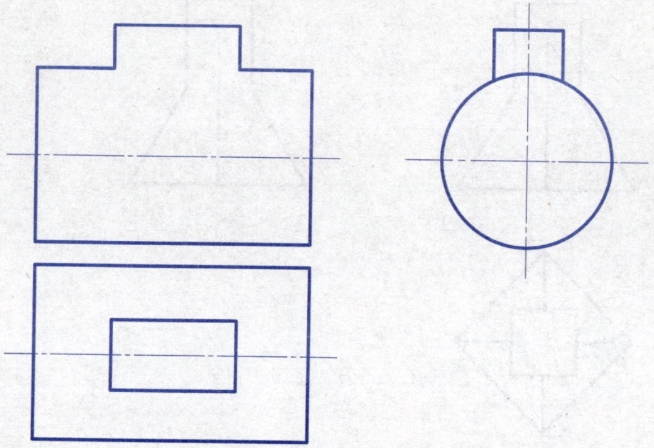

2.

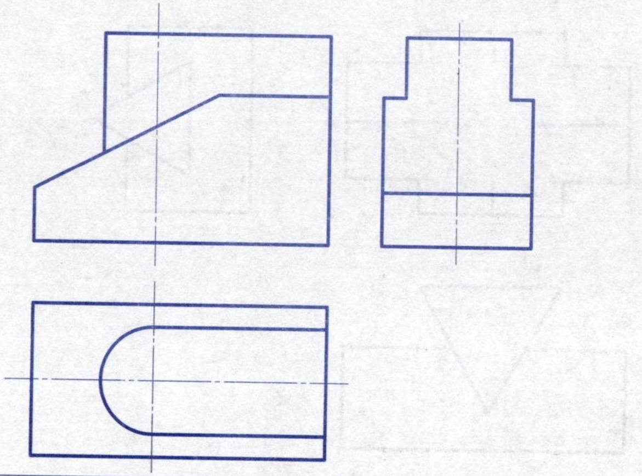

3.

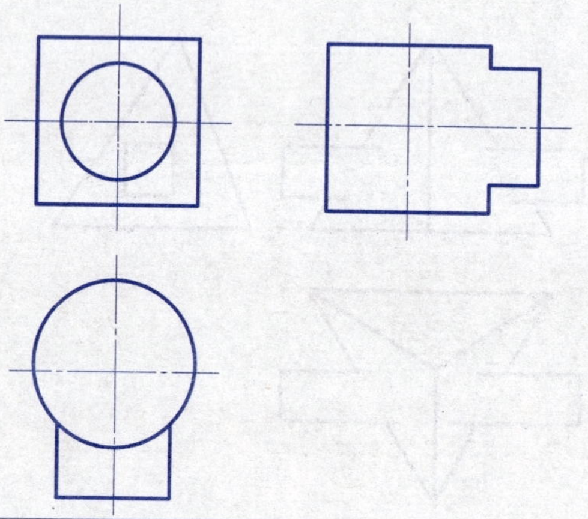

4.

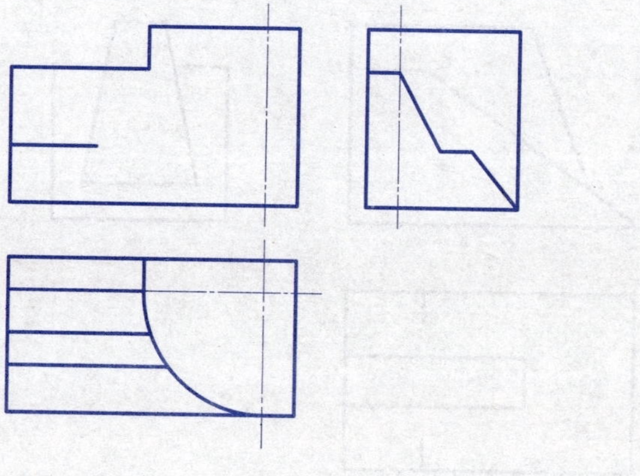

补画视图、局部剖视和斜视图

在指定位置补画左视图和右视图。

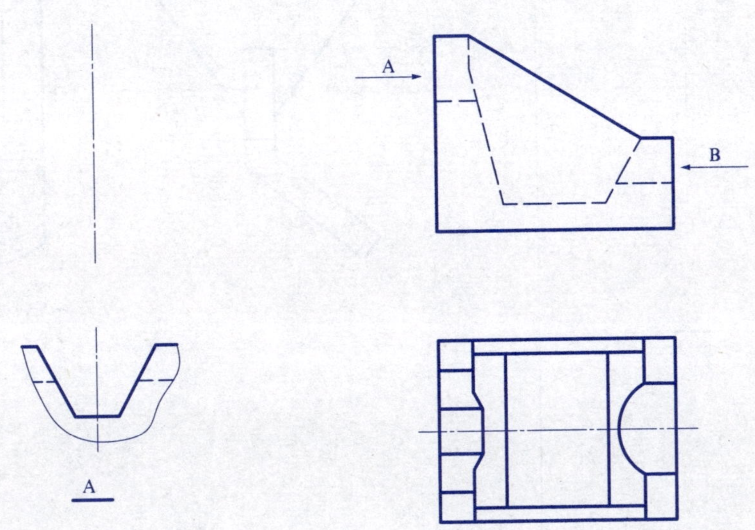

补画视图、局部剖视和斜视图

1.在指定位置补画C向局部视图。

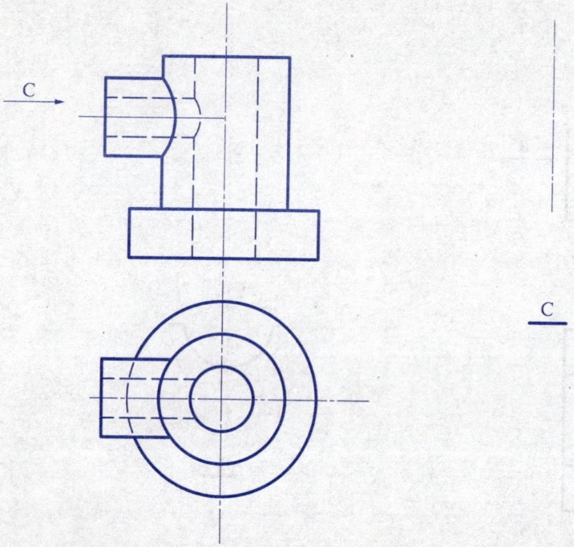

2.在指定位置补画出A向斜视图。

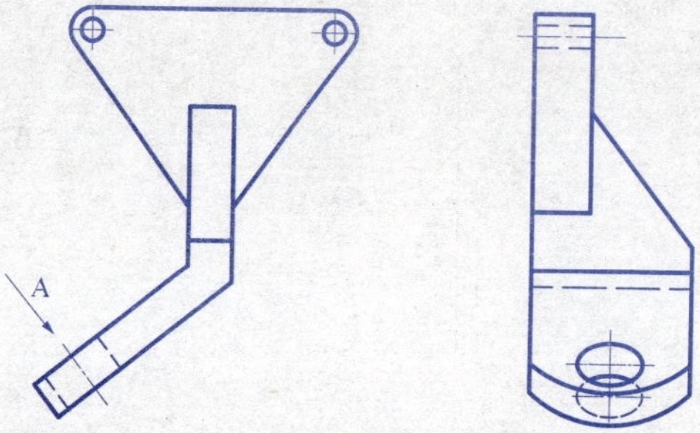

A

补画全剖视图，并补全标注

1.读图，补绘B—B单一全剖视图。

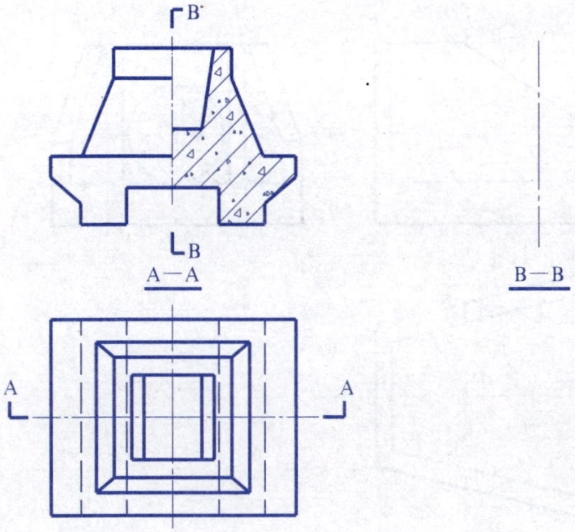

2.读图，补绘A—A单一全剖视图。

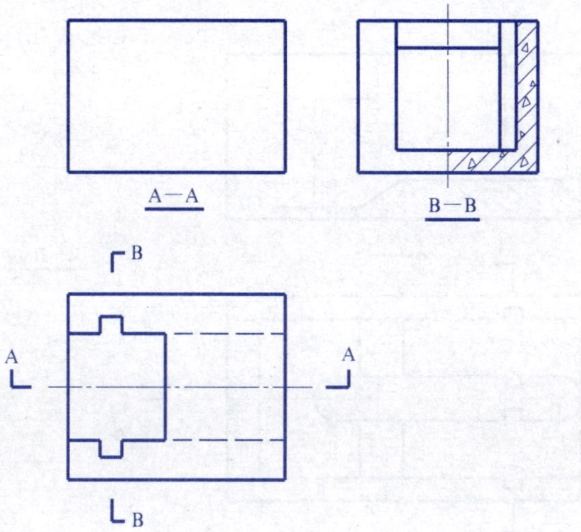

补画全剖视图，并补全标注

1.读图，补画B—B单一全剖视图。

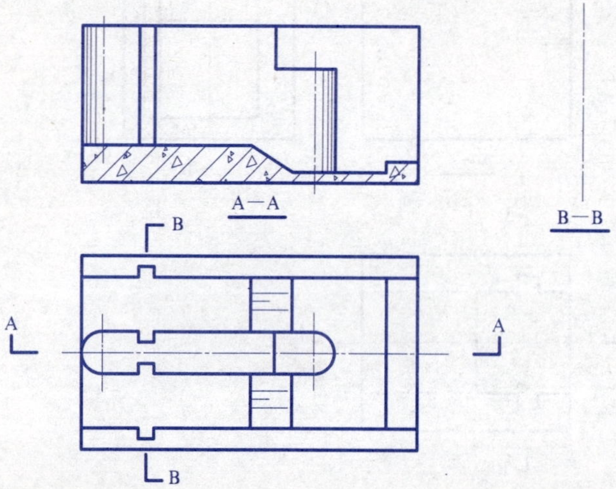

2.在指定位置补画B—B单一全剖视图，并补全标注(材料为钢筋混凝土)。

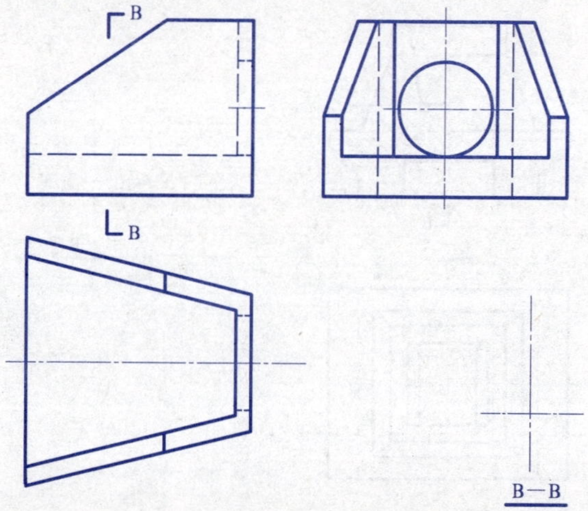

补画半剖视和局部剖视图

1.读图，补绘A—A半剖视图(材料为钢筋混凝土)。

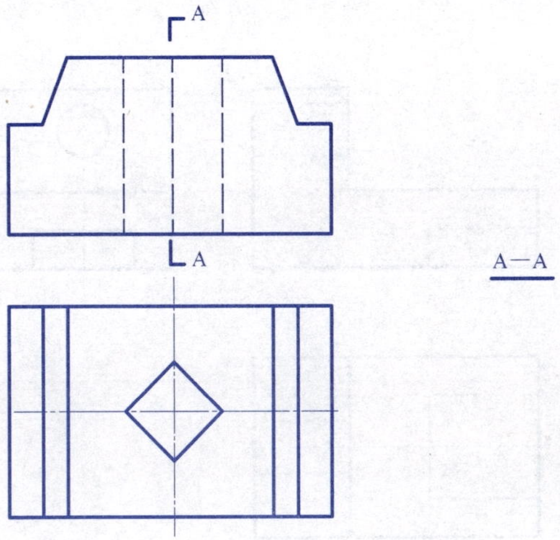

2.读图，补绘B—B半剖视图。

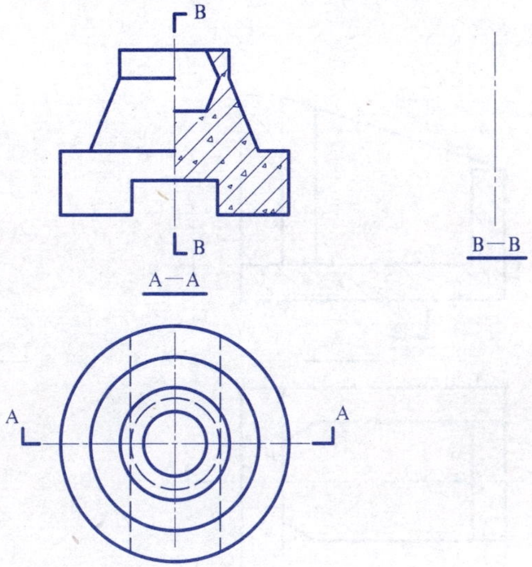

补画半剖视和局部剖视图

1.读图，补绘B—B半剖视图。

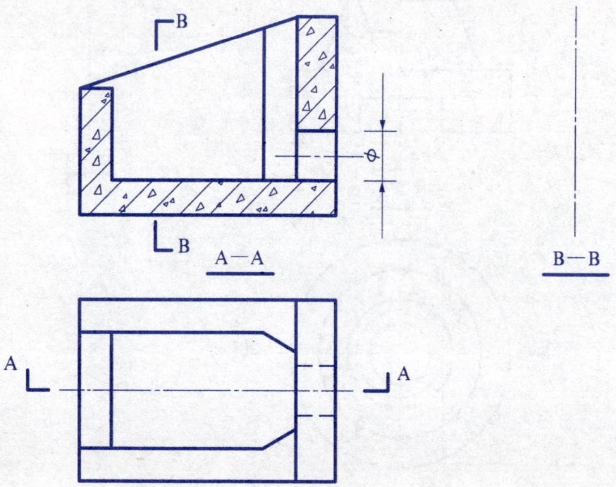

2.将正视图的左端和俯视图的右端改为局部剖视图（材料为金属）。

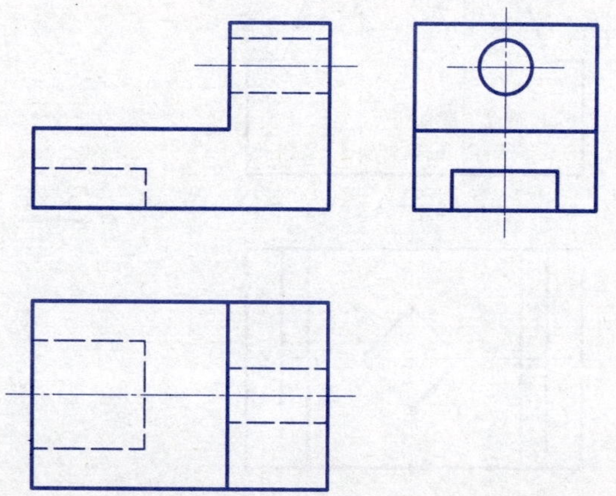

补画阶梯剖视图和旋转剖视图

1.读图，补绘B—B阶梯剖视图。

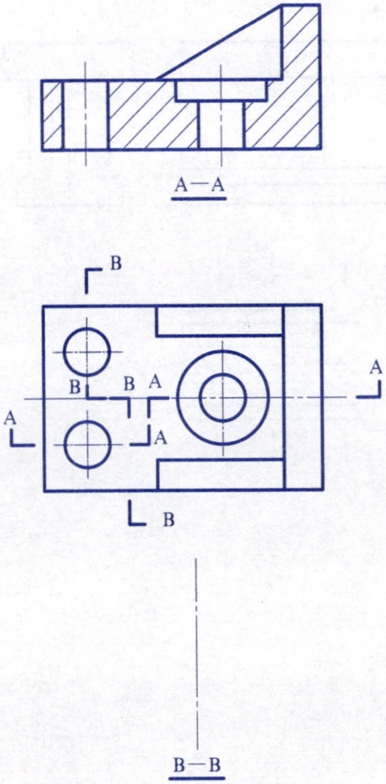

2.在指定位置画出A—A旋转剖视图，并补全标注(材料为金属)。

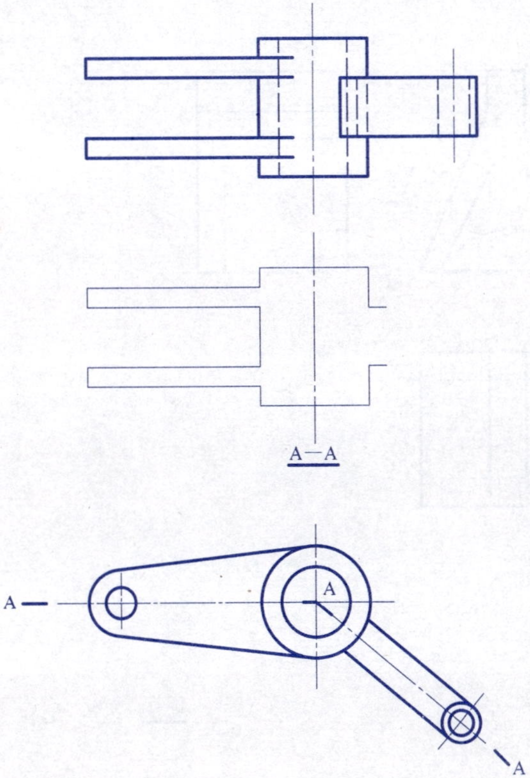

补画断面图

1.在指定位置画出1—1断面图(材料为混凝土)。

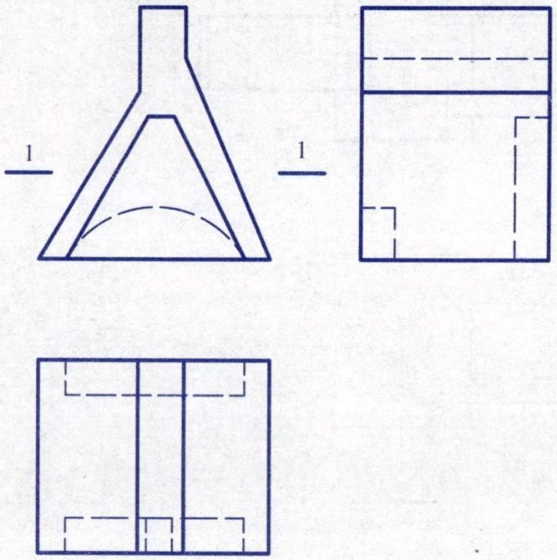

1—1

2.已知变截面梁的三视图，在指定位置画出1—1、2—2断面图。

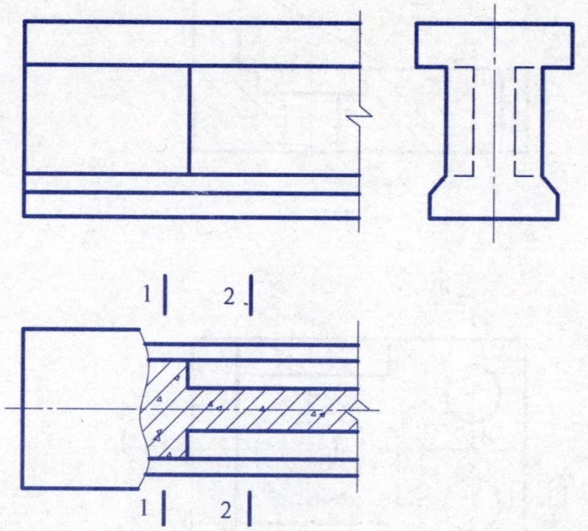

1—1

2—2

补画断面图

1.在指定位置画出止水木的1—1断面图。

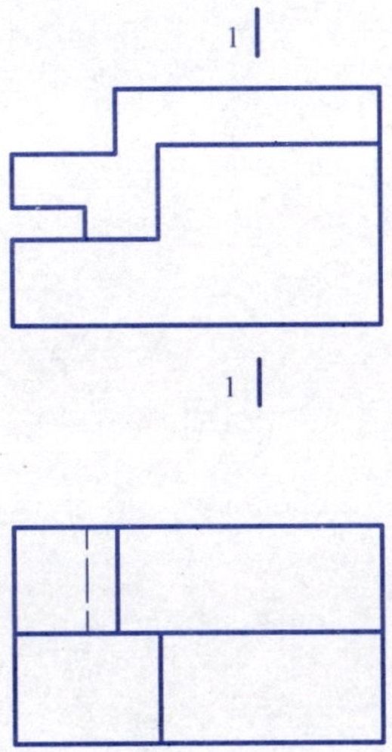

1—1

2.在指定位置画出涵洞洞身的1—1断面图(材料拱圈为钢筋混凝土，其余为浆砌块石)。

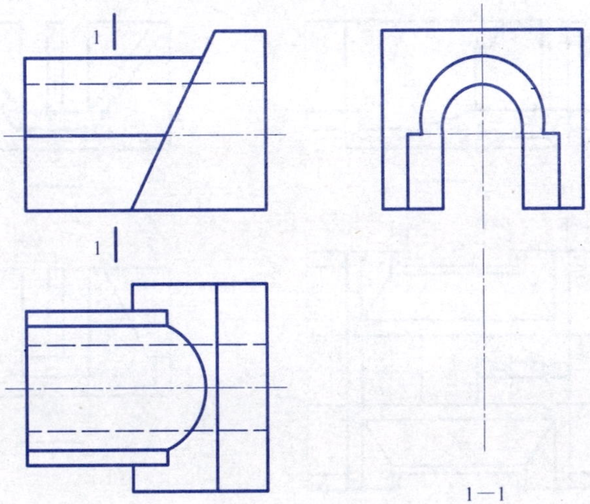

1—1

剖视图综合应用

要求：(1)分析视图，补全所有剖视图的标注；
(2)想象形体空间形状，分段画出轴测图；
(3)补画D—D阶梯剖视图。

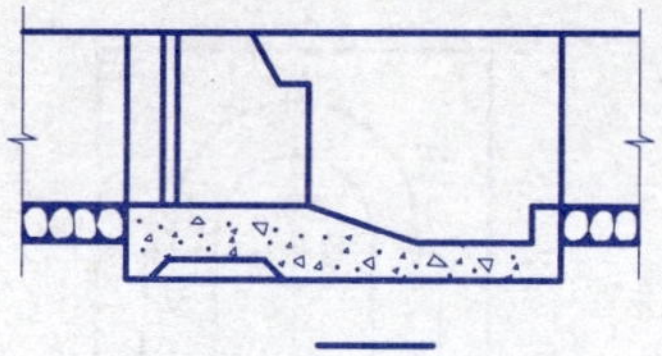

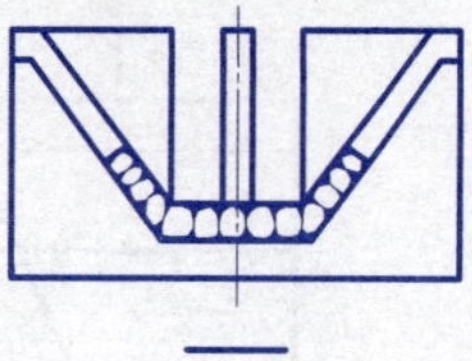

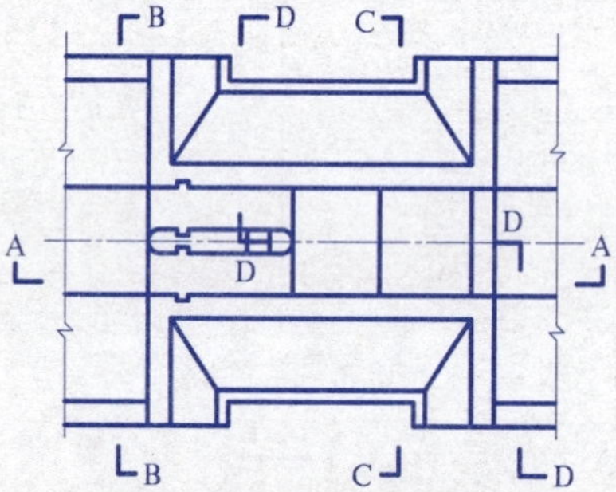

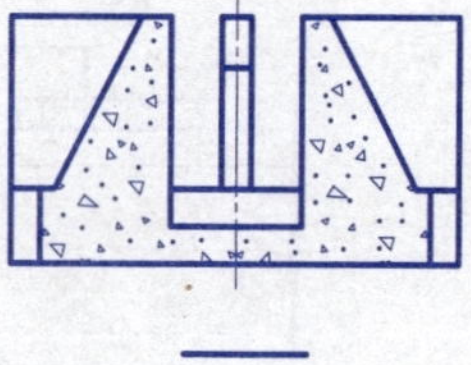

进(出)水段

闸室和底板段

D—D

岸墙

已知直线*AB*的标高投影$a_{4.3}$ $b_{9.3}$，求直线的整数标高点5、6、7、8、9等，以及直线的坡度

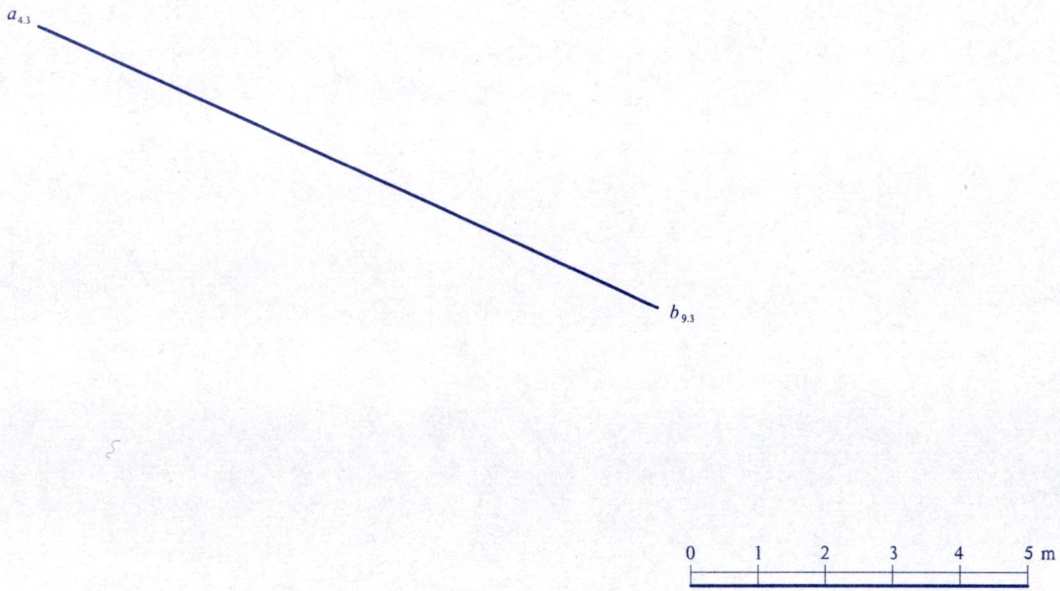

已知直线AB的一端点$A(a_{20})$、直线的方向(箭头所示)以及坡度i=1∶1.5，求直线的另一端点B(高程为12)及AB上高程为16的C点投影

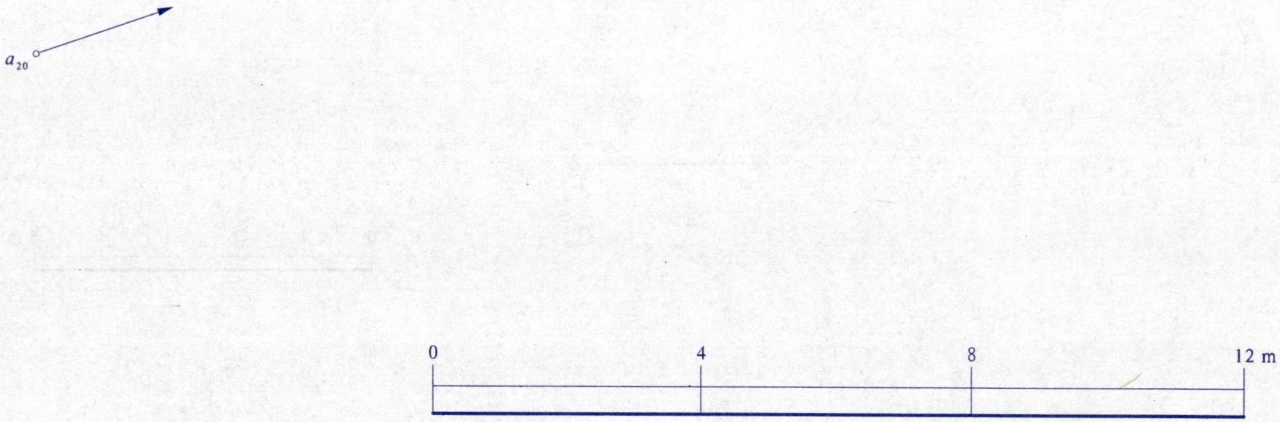

在高程为2 m的地面上修筑一平台，填方边坡为1:1，求坡脚线及坡面交线(比例为1:200)

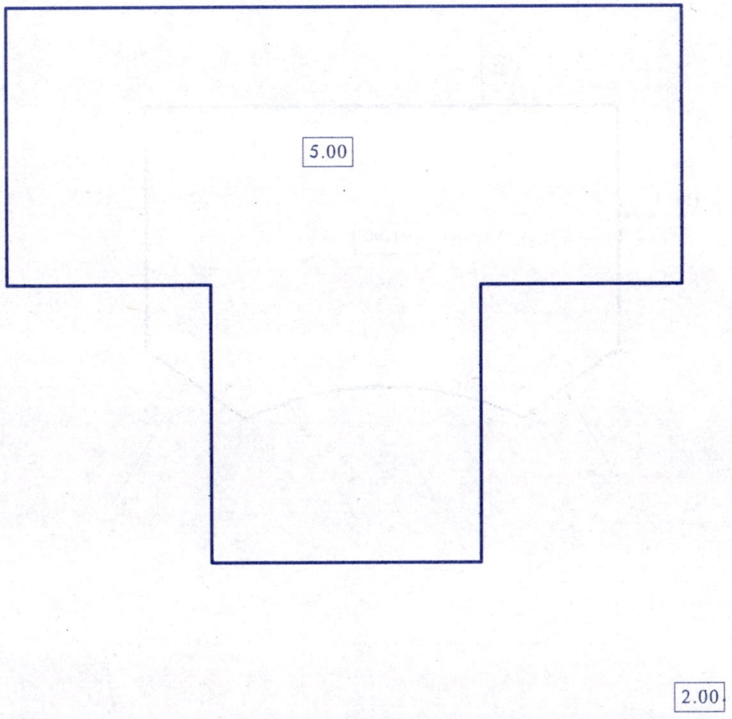

7-2 填挖方的标高投影(一)	班级		姓名		学号		页次	53

在高程2 m的地面上开挖一基坑，挖方边坡如图所示，求作开挖线及坡面交线(比例为1:200)

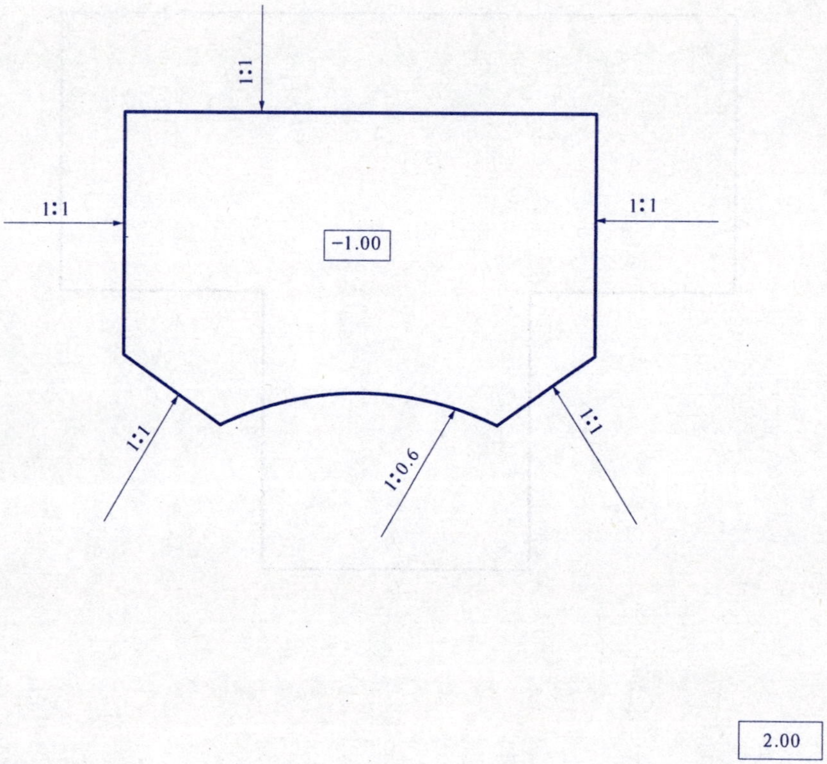

7-2　填挖方的标高投影(二)	班级		姓名		学号		页次	54

求锥面与堤岸和河岸连接的坡面交线及坡脚线(比例为1:400)

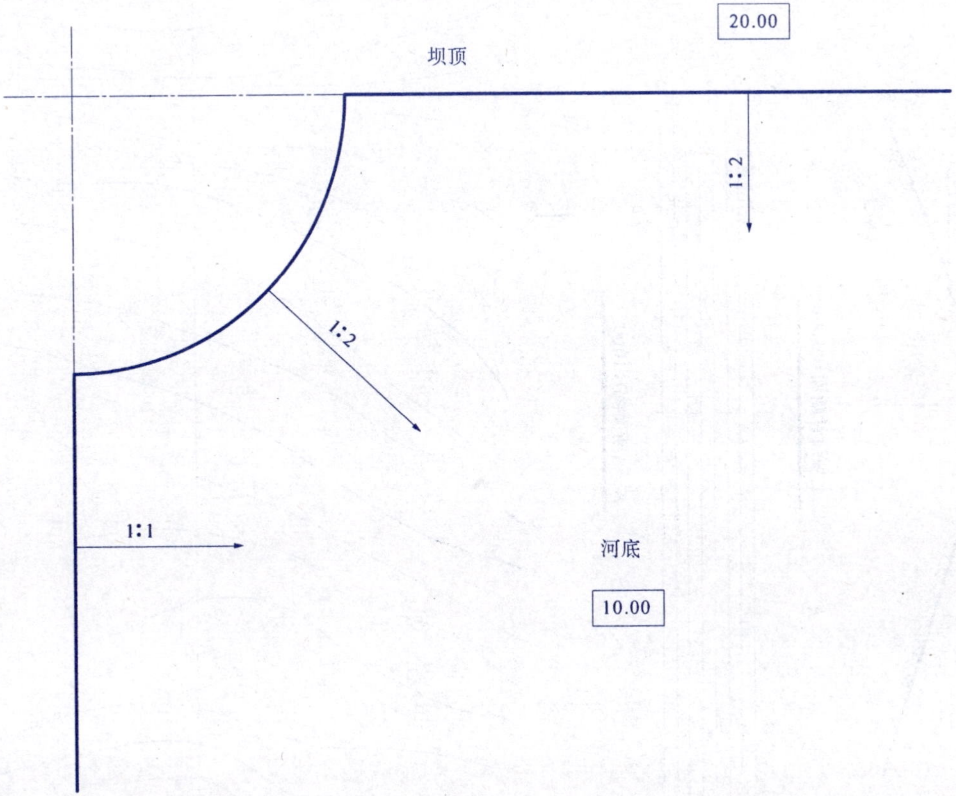

7-2　填挖方的标高投影(三)	班级		姓名		学号		页次	55

已知地形图上坝轴线的位置，试根据土坝标准断面图作出土坝坡脚线，并作A—A地形断面图

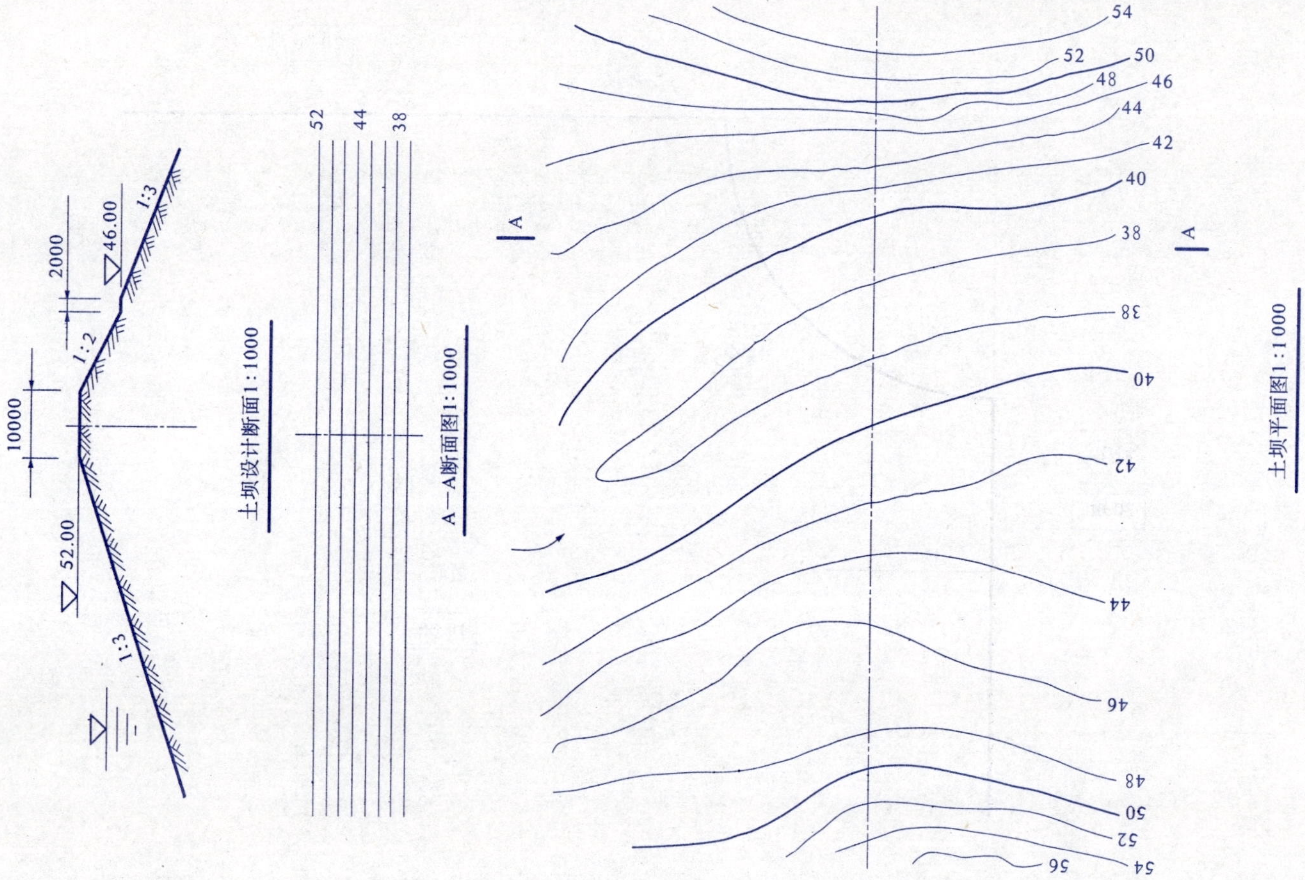

7-3 地形断面图	班级		姓名		学号		页次	56

在山坡上修筑一条道路，路面高程为25 m，挖方边坡为1:1，填方边坡为1:1.5，求各边坡与地面的交线(比例为1:200)

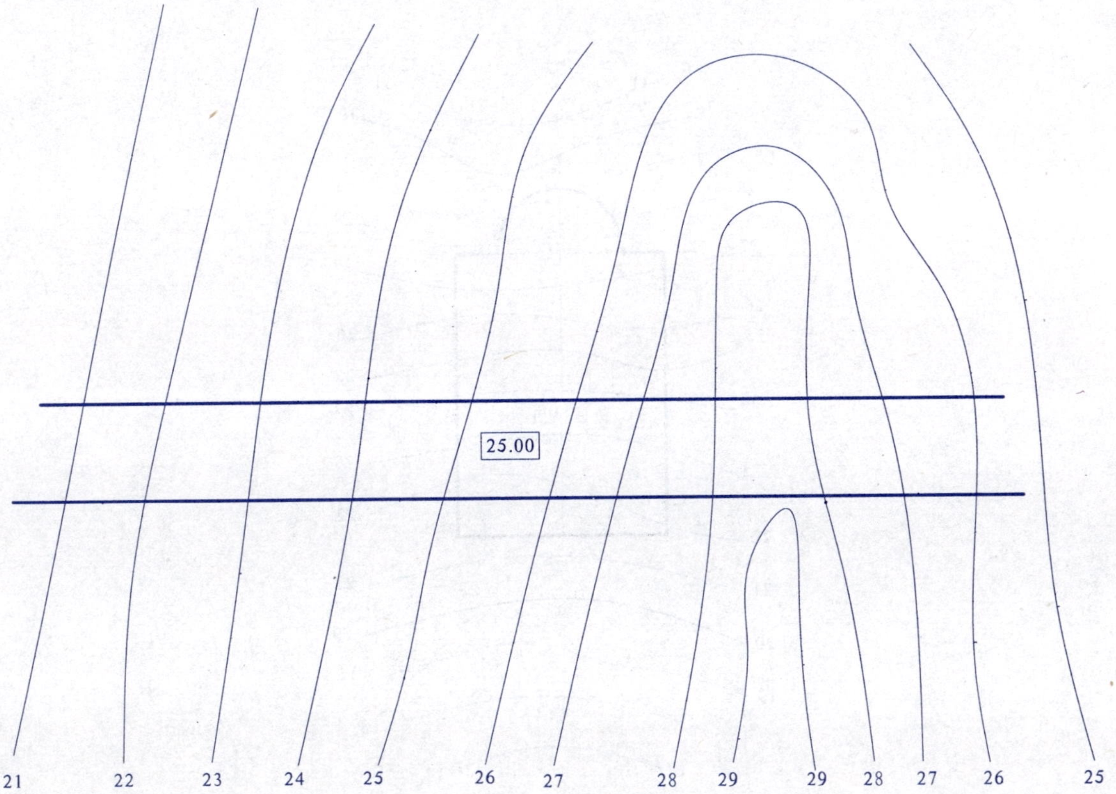

7-4　建筑物与地面的交线(一)	班级		姓名		学号		页次	57

在地面上修筑一平台，挖方边坡为1:1，填方边坡为1:1.5，求作各坡面与地面的交线以及坡面与坡面的交线(比例为1:400)

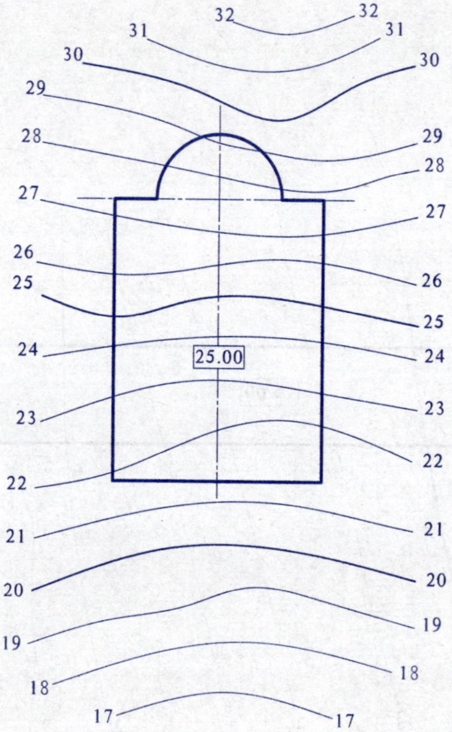

7-4　建筑物与地面的交线(二)	班级		姓名		学号		页次	58

按要求完成各题

1.画出斜椭圆柱的侧面投影，并加画各图素线。

2.画出斜椭圆锥的侧面投影，并加画各图素线。

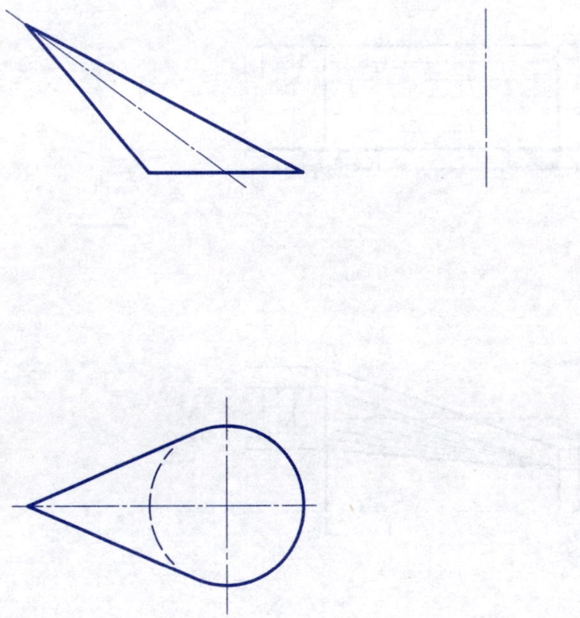

8-1 常见曲面的画法(一)	班级		姓名		学号		页次	59

按要求完成各题

1.画出扭曲过渡段A—A断面图。

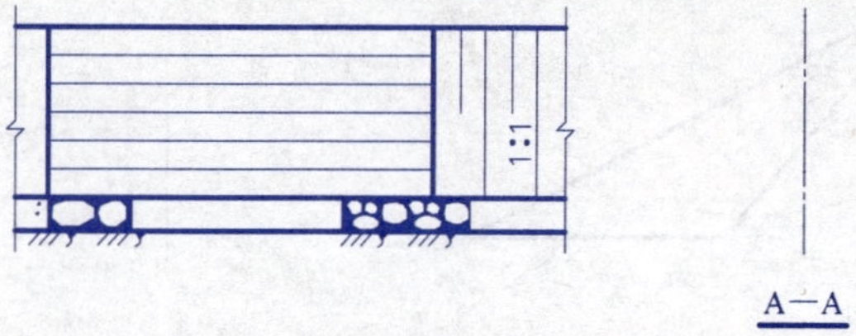

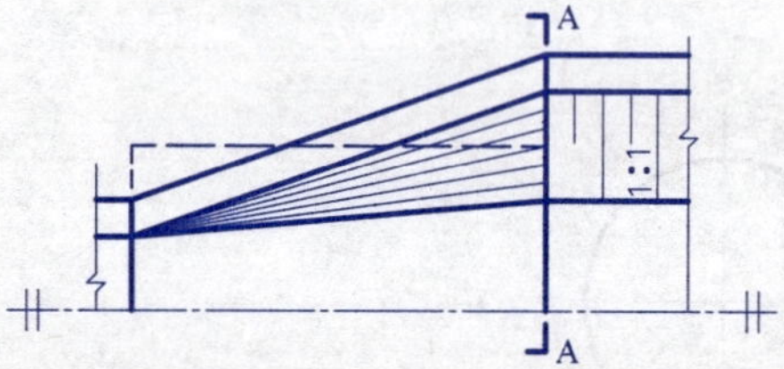

2.画出方圆渐变面B—B断面图。

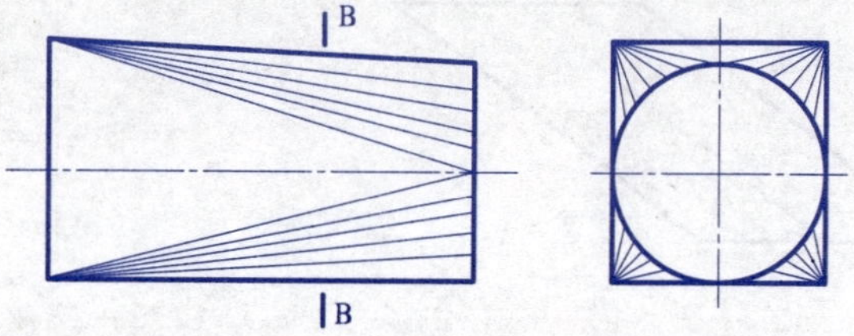

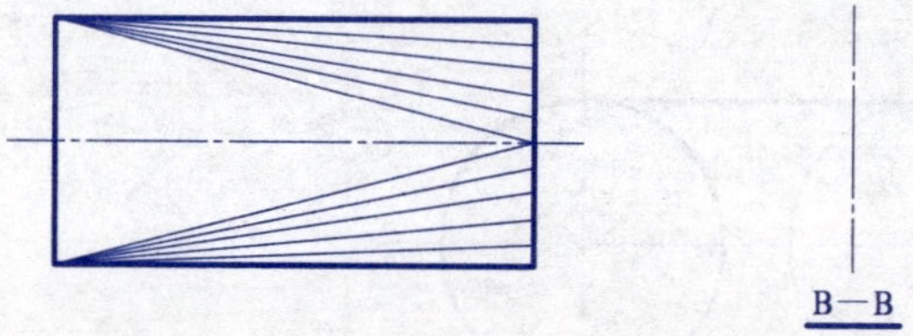

回答问题

1. 在水工图中，将视向逆水流方向所得到的立面图称为(　　　)。
   (a)下游立面图　(b)上游立面图　(c)左视图　(d)纵剖视图
2. 表达水利工程的布局、位置、类别等内容的图样是(　　　)。
   (a)建筑物结构图　(b)规划图　(c)施工图　(d)下游立面图
3. 溢洪道上某处的桩号为0+800.00，则表示该桩号(　　　)。
   (a)距离溢洪道的起点80 m　(b)距离溢洪道的终点80 m
   (c)距离溢洪道的起点800 m　(d)距离溢洪道的终点800 m
4. 高程的基准与测量的基准一样，采用统一规定的＿＿＿＿＿＿＿＿为基准。
5. 连接圆弧需标出圆心、半径、圆心角、切点、端点的尺寸，对于圆心、切点、端点除标注尺寸外还应注上＿＿＿和＿＿＿。
6. 以下四个图形，哪个不是简化标注(　　　)。

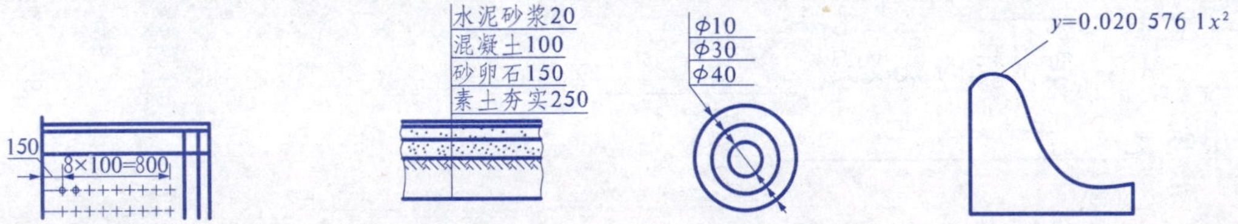

(a)　(b)　(c)　(d)

读下图，回答问题

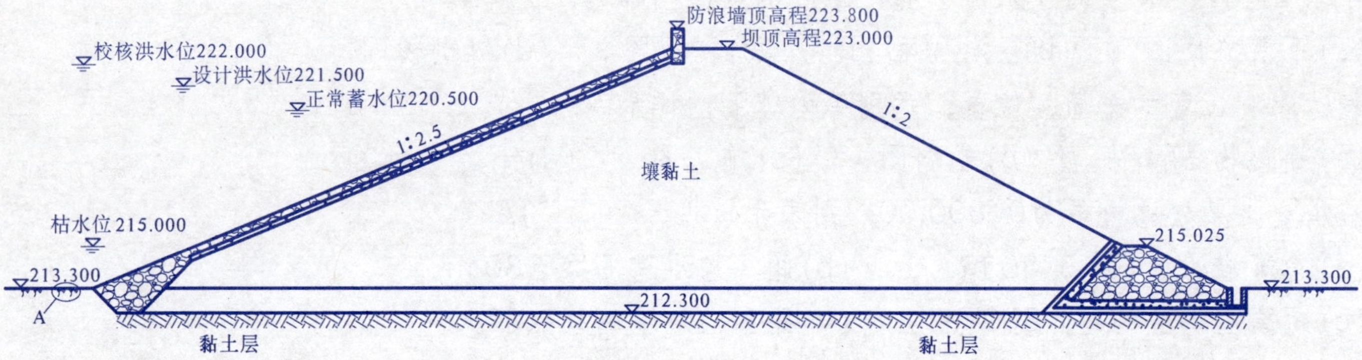

1. 垂直土坝坝轴线剖切得到的断面图是(　　　)。

   (a)横剖视图　(b)纵剖视图　(c)纵断面图　(d)横断面图

2. 本图A所代表的图例是____________。

3. 坝顶高程为__________m，迎水坡的坡度是__________。

4. 下游坡脚设排水体，用途是__________________。

读进水闸结构图，回答问题

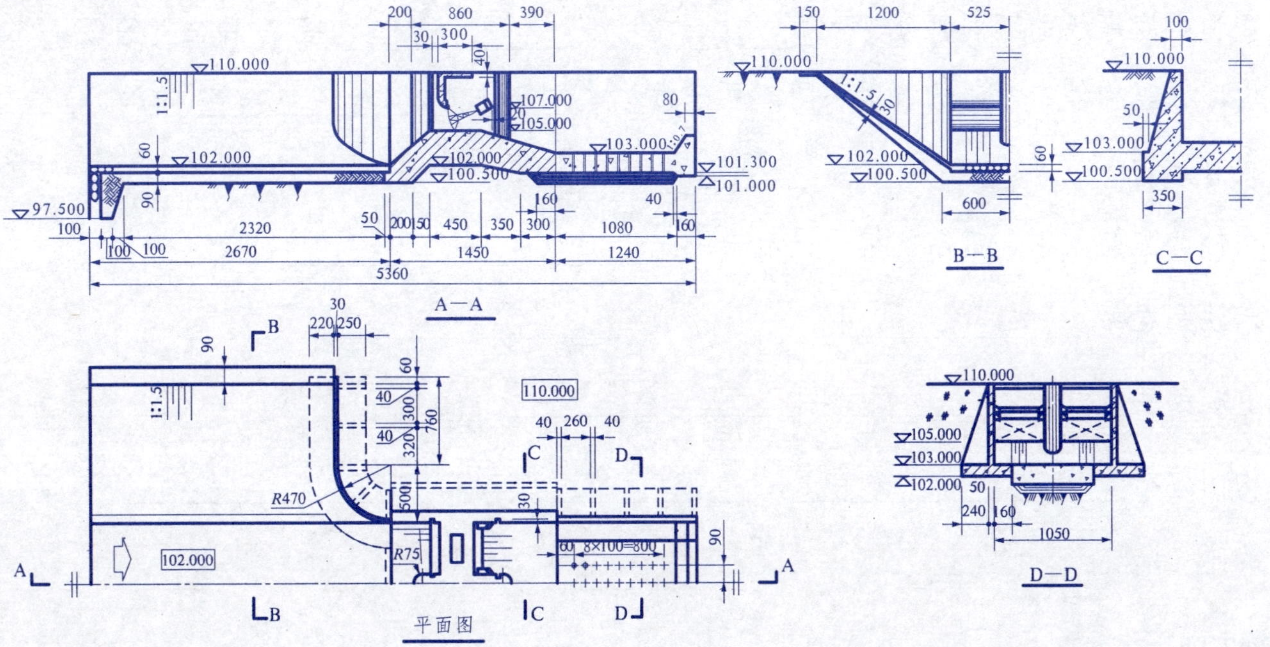

1.本图中A—A是______剖视图，B—B是__________图，C—C是__________图，D—D是___________图。

2.该进水闸消力池段的长度为_________cm，宽度为__________cm，高度为_________cm。

3.读懂闸室段的形状和尺寸需要看________________________________图，其中闸门采用________画法表示。

4.________图中显示了闸墩的特征形状。消力池底板上有_____个排水孔，行间距和列间距分别为___________cm。

根据有关知识填空

1. 钢筋按生产工艺和强度等级的不同可分为______、______、______、______等多种强度等级。

2. 按钢筋在梁、板、柱等构件中所起的作用不同，可分为______、______、______、______。

3. 常见弯钩的形式有三种:______、______、______。

4. 在钢筋混凝土构件的配筋图中，钢筋的编号一般采用先______，后______。

5. 梁平面整体表示法是在______________或______________。

6. 梁平面整体表示法包括__________和__________。

7. 钢筋混凝土结构图包括__________、__________和__________。

8. 解释下列标注的意义:

2Φ20 ____________________

ϕ8@200 ____________________

阅读钢筋图，补画2—2、3—3断面图，并补全钢筋表

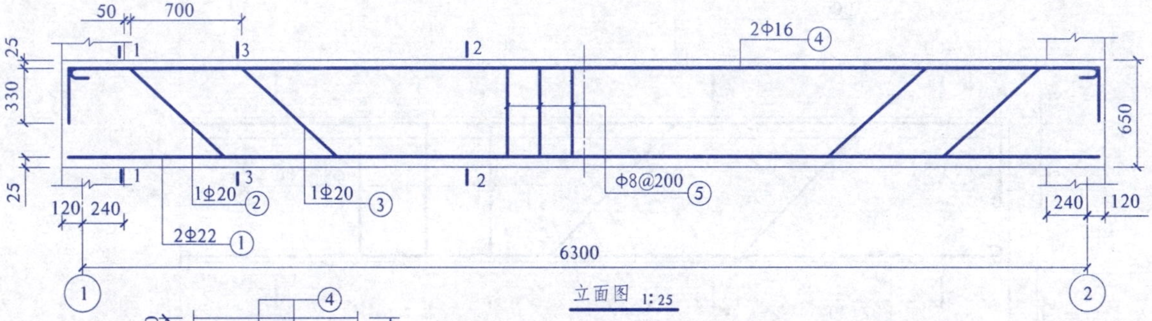

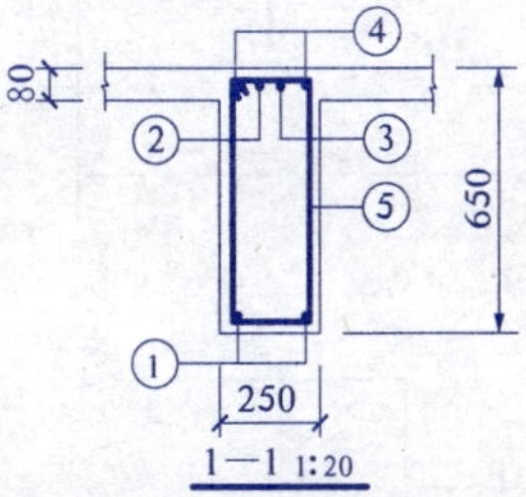

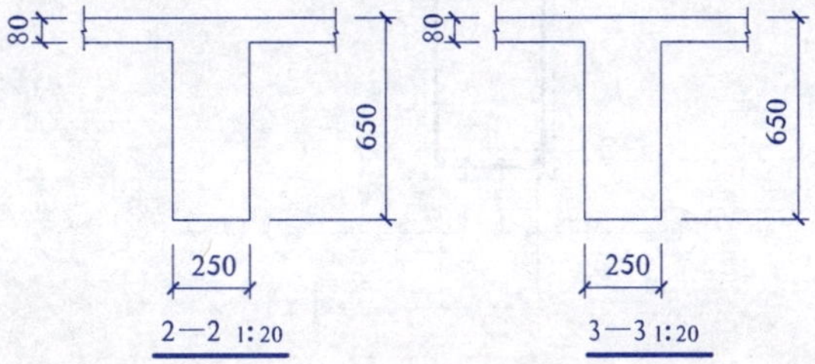

钢筋表

部位	编号	直径(mm)	型式	单根长(mm)	根数	总长(m)
梁				6 490		
				7 606		
				7 606		
				6 690		
				1 800		

阅读钢筋图，画出2—2断面图及3号钢筋的成型图

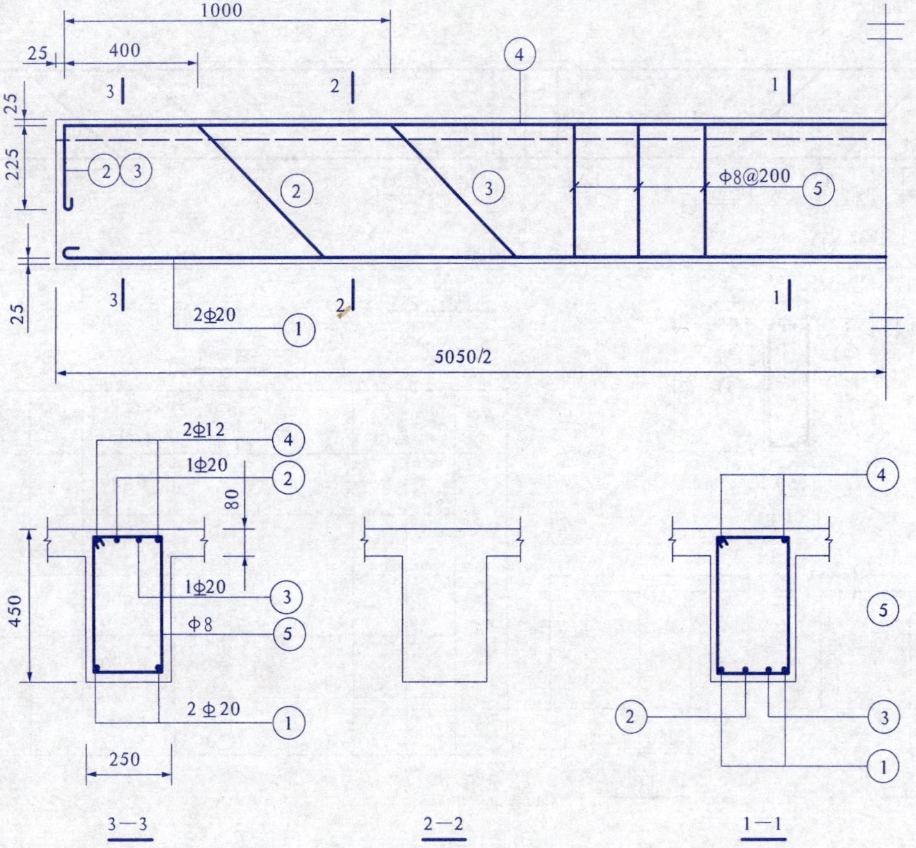

已知多跨梁的配筋平面图，绘制1—1断面图和2—2断面图(板厚100 mm)

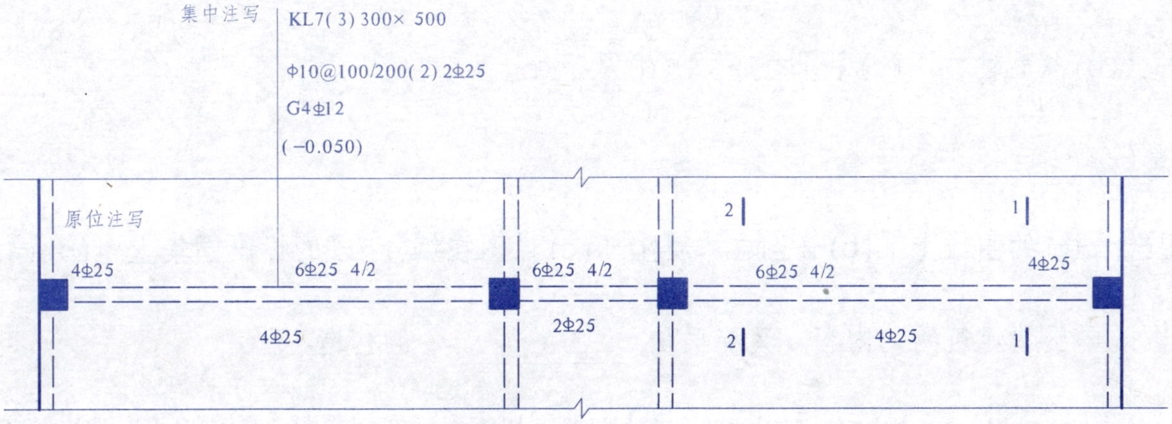

1—1 1:25

2—2 1:25

9-2 钢筋图(三)	班级		姓名		学号		页次	67

根据附图1以及有关知识按要求完成各题

1. 竖向定位轴线编号顺序是(　　　)。

(a) 从左往右　(b) 从右往左　(c) 从上往下　(d) 从下往上

2. 符号⊖含义是(　　　)。

(a) 详图在图纸编号1的图纸上　(b) 详图在本页上　(c) 详图在编号为1的标准图集上　(d) 详图忽略

3. 标准层平面图既要反映建筑物的内容，又要反映 ________ 的构造。

4. 被剖切的墙、柱的轮廓线应为 ______ 绘制，没有被剖切的轮廓线应为 _____ 绘制，尺寸线、尺寸界线、引出线应为 ______ 绘制。

5. 建筑平面图上应标注 ______________，本层标高是 _________。

附图1

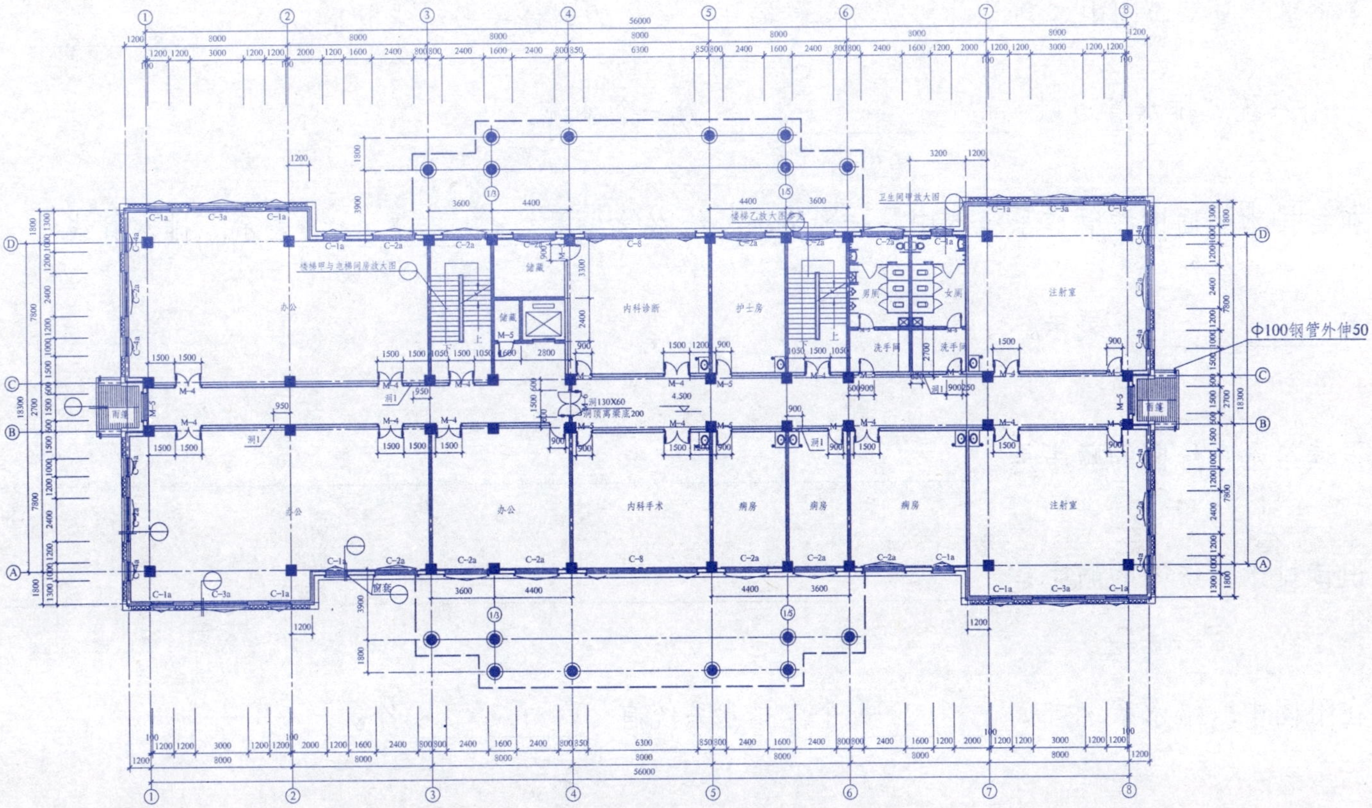

某医院病房楼二层平面图

根据附图2以及有关知识按要求完成各题

1. 在底层管道平面图中各种管道都要按系统编号，系统的划分一般给水管道以 ________ 为一个系统，排水管道以 ________ 为一个系统。

2. 在给排水平面图和管道系统图中，一般情况，给水管线用 ________ 表示，排水管线用 ________ 表示。

3. 识读给水系统图的顺序是 ________________________________ 。

4. 识读排水系统图的顺序是 ________________________________ 。

5. 在附图中，给水系统有 ______ 个，排水系统有 ______ 个。

附图2

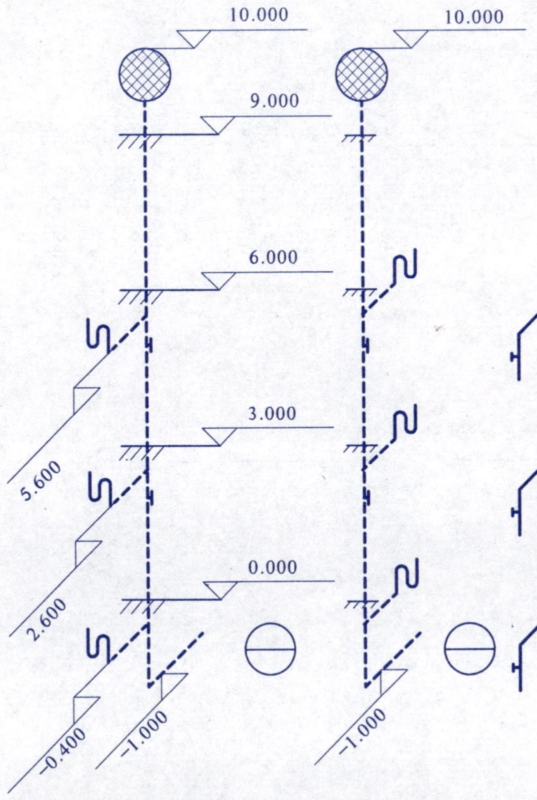

排水系统图1:100

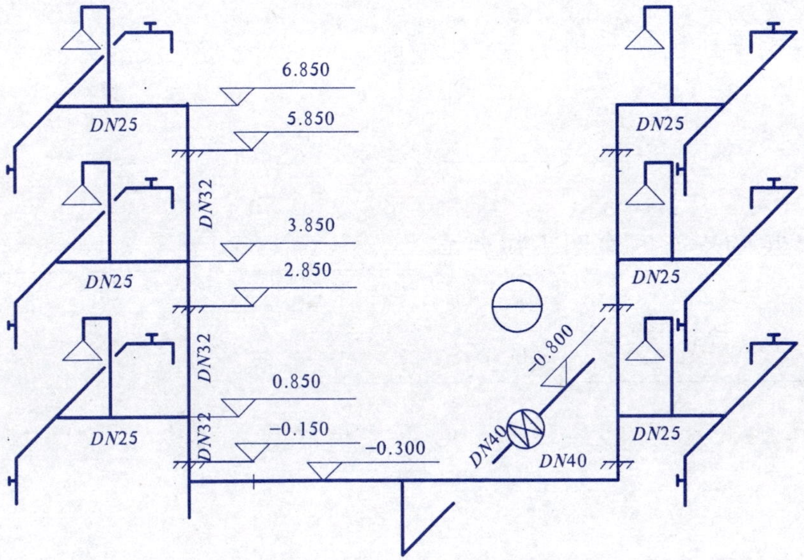

给水系统图1:100

根据附图3以及有关知识按要求完成各题

1. 本图的水平比例是 ________，竖向比例是 ________。

2. 路线纵断面图的作用是表达 ________ 以及 ________ 和沿线设置构造物的概况。

3. 路线平面图所采用的绘图比例较小，公路的宽度无法按实际尺寸画出，因此在路线平面图中，路线是用 ________ 表示的。

4. 路基横断面图在图下应注有 ________、________、________、________、________ 等。

附图3

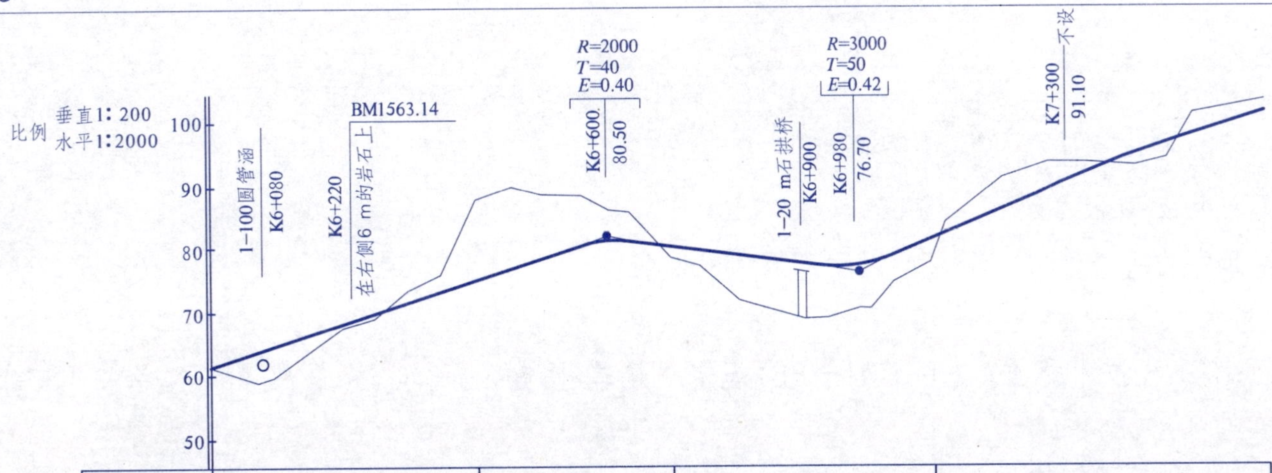

地质概况：普通黏土 | 坚石 | 普通黏土 | 坚石

坡度(%)/距离(m)：3.0 / 600；1.0 / 380；4.5 / 320；3.5 / 300

里程桩号	地面高程	设计高程	填高	挖深
K6+000.00	61.20	62.50	1.30	
K6+080.00	58.65	64.90	6.25	
K6+100.00	60.10	65.50	5.40	
K6+200.00	67.02	68.50	1.48	
K6+220.00	67.60	69.10	1.50	
K6+234.73	68.74	70.14	1.40	
K6+300.00	73.15	71.50		1.65
K6+350.10	79.56	73.00		6.56
K6+400.00	86.80	74.50		12.30
K6+455.47	88.26	76.16		12.10
K6+500.00	86.91	77.50		9.41
K6+560.00	86.80	79.30		7.50
K6+600.00	85.30	80.10		5.20
K6+640.00	83.16	80.10		3.06
K6+700.00	77.70	79.50	1.80	
K6+740.00	75.60	79.10	3.50	
K6+800.00	71.69	78.50	6.81	
K6+900.00	68.66	77.50	8.84	
K6+930.00	69.40	77.20	7.80	
K6+980.00	70.10	77.12	7.02	
K7+000.00	70.65	77.75	7.10	
K7+030.00	74.69	78.95	4.26	
K7+100.00	80.75	82.10	1.35	
K7+114.04	83.98	82.73		1.24
K7+200.00	91.50	86.60		4.90
K7+285.96	93.65	90.47		3.18
K7+300.00	93.68	91.10		2.58
K7+400.00	93.26	94.60	1.34	
K7+450.00	96.12	96.35	0.23	
K7+500.00	101.34	98.10		3.24
K7+600.00	103.25	101.60		1.65

平曲线：JD_9 α=40°15″ R=300；JD_{10} α=3°27″；JD_{11} R=500 α=19°42″；JD_{12} α=4°10″

根据有关知识完成各题

1. 桥梁工程图一般分为 ________ 、________ 、________ 、________ 和大样图等几种。

2. 总体布置图主要表明桥梁的 ____ 、_____ 、_____ 、______ 、各主要构件的相互位置关系，桥梁各部分的 _____ 、______ 以及总的技术说明等。

3. 根据《公路工程技术标准》(JTJ 01—88)规定，凡单孔跨径小于 ___ 、多孔跨径总长小于 ___ ，以及圆管涵和箱涵，均称为涵洞。

4. 涵洞以 ______ 为纵向，并以 ______ 代替立面图。

10-4 桥梁工程图和隧洞工程图的识图	班级		姓名		学号		页次	74